# 商业空间设计

高等院校艺术学门类
"十四五"规划教材

■ 主 编 吴韦 李化 郭婷婷
■ 副主编 付梦晨 李家瑞 陈诚 喻蓉 单春晓 居华倩
■ 参 编 夏筱川 张亚雄 陈依涟 郑蓉蓉 郑丽伟 吴新华

U0783837

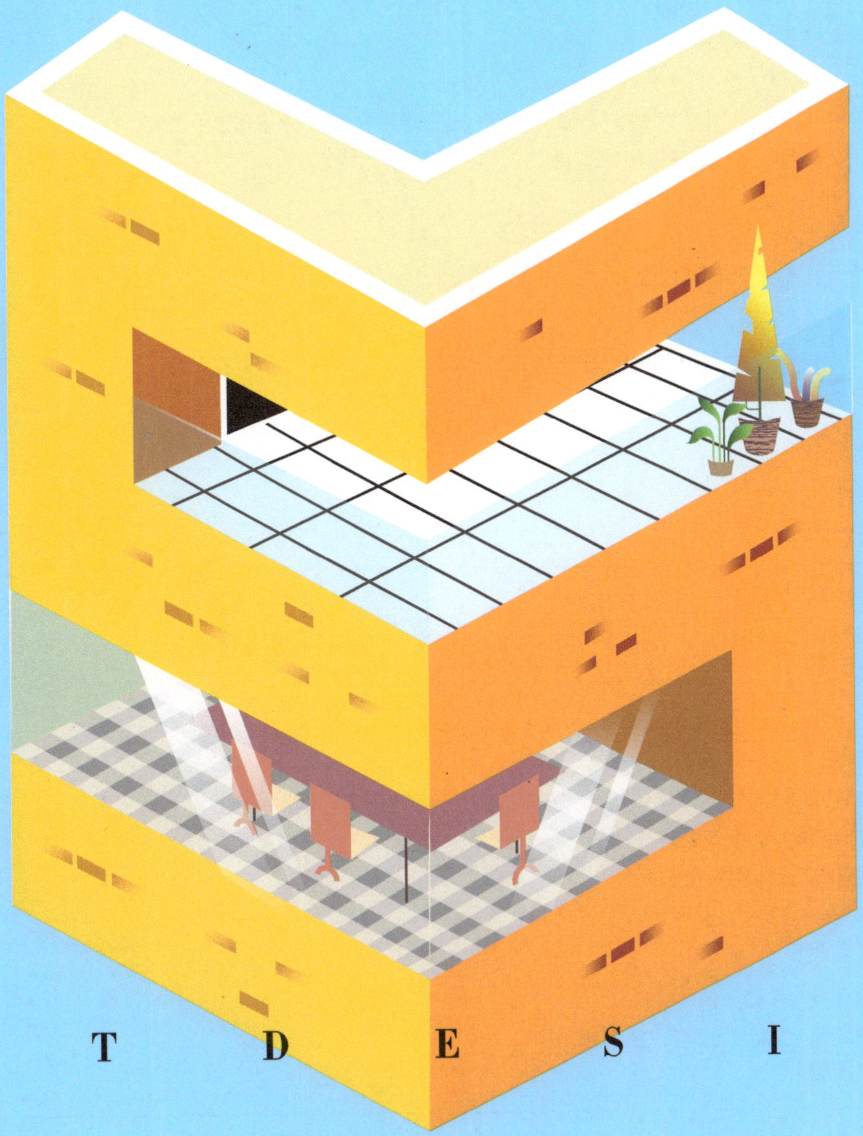

A R T   D E S I G N

华中科技大学出版社
http://www.hustp.com
中国·武汉

## 内 容 简 介

商业空间设计是指有商业用途的建筑内部空间的设计，如商场、餐饮空间、专卖店、美容美发店等商业建筑的内部空间设计。除包含室内设计的基本原理和基本功能要求外，商业空间设计还包含更多的功能要求和市场特色。

本书主要介绍商业空间设计的发展过程及其在当代设计中的应用，介绍了商业空间设计中的卖场设计、餐饮空间设计、酒店空间设计等。本书每一部分都加入案例赏析作为实例性教学材料来改善学生实践性不足的现状，开阔眼界，增加学生商业空间设计的知识积累，做到真正的项目引导教学、项目驱动教学。

**图书在版编目（CIP）数据**

商业空间设计 / 吴韦，李化，郭婷婷主编 . — 武汉： 华中科技大学出版社，2019.8（2025.1重印）
高等院校艺术学门类"十四五"规划教材
ISBN 978-7-5680-5602-1

Ⅰ . ①商… Ⅱ . ①吴… ②李… ③郭… Ⅲ . ①商业建筑 – 室内装饰设计 – 高等学校 – 教材 Ⅳ . ① TU247

中国版本图书馆 CIP 数据核字 (2019) 第 175427 号

---

**商业空间设计**
Shangye Kongjian Sheji

吴韦　李化　郭婷婷　主编

策划编辑：彭中军
责任编辑：杨　辉
封面设计：优　优
责任监印：朱　玢
出版发行：华中科技大学出版社（中国·武汉）　　电话：（027）81321913
　　　　　武汉市东湖新技术开发区华工科技园　　邮编：430223
录　　排：华中科技大学惠友文印中心
印　　刷：广东虎彩云印刷有限公司
开　　本：880 mm × 1230 mm　1/16
印　　张：7
字　　数：210 千字
版　　次：2025 年 1 月第 1 版第 3 次印刷
定　　价：49.00 元

华中出版

对艺术设计类的书籍，编者始终觉得应做到图文并茂，以大量的图片去支撑要点。这样学生易于接受。这样的书不仅是一本好的教材，亦是一本好的工具书。

设计类教材本应用大量的实际案例去引导学生的设计思维，但目前学生在学校学习的过程中，缺乏通过实际案例去设计练习，也不知道如何去制作一个成功的案例。本书在叙述基本理论知识的同时，以大量的优秀实例图片辅助文字内容介绍实际应用，其中图片基本来源于国内外顶尖的商业空间设计案例。本书以前瞻性设计为主流，可以扩大学生的阅读面，使学生的设计理念走在时尚的前沿。

在每章的开始部分都会阐明本章内容、相关知识、训练目的，让学生用1～2分钟预热本章的重点内容。在每一部分结尾会以几个具体的实际案例去引导学生的设计思维。这些实际案例编者收集了一段时间，能在课堂中起到开拓学生的眼界、拓展学生的思路，丰富学生从课堂中"走出去"的视野的目的。学生在网上的参考资料和图书馆图集中很难找到此类实际案例。

本书的编写结合了本科院校艺术设计专业学生的特点，优化课程结构，突出教学特点，同时也为商业空间设计课程的教学贡献绵薄之力。在编写的过程中，得到了相关专业老师的大力支持和帮助，也参考了相关文献、书籍、图片资料等，在此一并表示感谢！

本书在编写中参考了大量的国内外相关资料、图书和论文，在参考文献中已注明，如有遗漏，敬请谅解。

由于编者能力有限，不当之处在所难免，希望各位专家学者及各位同仁不吝赐教，给予批评指正！

编　者
2019 年 7 月

# 目录
## Contents

Shangye Kongjian Sheji

第一部分
卖 场 设 计

# 第一章

# 概　　述

**本章内容**

　　本章介绍了卖场设计的理念和原则，分析了卖场空间对消费者心理的影响，最后对不同的卖场设计的风格进行了介绍。

**相关知识**

　　1.卖场设计的理念和原则。
　　2.卖场设计的风格。

**训练目的**

　　要求学生通过对卖场设计的理念、原则、风格等内容的学习，对卖场设计的理念、属性及卖场设计的原则和风格等方面有初步认识，在掌握相关理论知识的基础上，对实际生活中的卖场设计作品有一定的赏析能力。

## 第一节　卖场设计的理念和原则

### 一、卖场设计的理念

#### 1. 以人为本

卖场是为顾客服务的，是商业卖场经营的前提条件。成功的卖场设计应更加注重顾客的体验感，为消费者提供最适宜的购物环境和最便利的服务设施。一些设计者在设计卖场时走进了高档的误区，认为只有强调卖场的金碧辉煌、豪华气派，才能吸引客人，认为必须采用高档进口材料、水晶吊灯，才能带给客人心理上的满足（见图1-1），却没有注意到客人真正的需求，没有认识到为消费者创造一个良好的生态环境的重要性。

图 1-1

#### 2. 注重消费心理

售货现场的布置与设计应以便利消费者参观与选购商品及便于展示和出售商品为前提。研究消费者购买行为的关键是弄清消费者在下列问题上的决策。

①谁参与购买活动 (Who)？

②他们购买什么商品 (What)？

③他们为什么要购买 (Why)？

④他们在什么时候购买 (When)？

⑤他们在什么地方购买 (Where)？

⑥他们准备购买多少 (How much)？

⑦他们将如何购买 (How)？

对上述问题做出的决策是消费者在外部刺激下产生的心理活动的结果。将外部刺激被消费者接收后，经过一定的心理过程，产生的看得见的行为反应，叫作消费者购买行为模式。

消费者的意识是具有整体性的特点的，但要在刺激物的影响下才可能产生，而刺激物的影响也带有一定的整体性。因此，在卖场的布局方面要适应消费者意识的整体性这一特点，将具有连带性消费的商品种类邻近设置，使它们相互衔接，给消费者提供购买与选择商品的便利条件，这样也利于介绍和推销商品（见图 1-2）。

图 1-2

消费者的注意可分为有意注意与无意注意两类。消费者的无意注意是指，消费者在没有目标或目的的情况下受外在市场上的刺激物的影响而不由自主地对某些商品产生的注意。无意注意对刺激消费者购买行为有很大的意义。如果在卖场的布局方面考虑到这一点，进而有意识地将有关的商品柜邻近设置，如妇女用品柜与儿童用品柜和儿童玩具柜邻近设置，那么就可以向消费者发出暗示，引起消费者的无意注意，刺激消费者产生购买的冲动，并使其产生购买行为。有意注意是消费者刻意的一种注意。

人们进入超级市场购物，最后购买的商品总是比原先预计要买的多，这与卖场设计和货品刻意摆放有关。将卖场设计为长长的购物通道，可以避免消费者从捷径通往收款处和出口，消费者在边走边看的过程中，便可能看到一些引起购买欲望的商品，从而增加购买。在设计卖场的通道时要考虑便利消费者行走以及参观、浏览、选购商品，同时还要考虑卖场通道的设计要为消费者之间传递信息、相互影响创造条件，如宜家家居的餐厅（见图 1-3）。

图 1-3

## 二、卖场设计的原则

### 1. 设计的文化性与共性

随着社会文化水平的提高，人们对卖场设计的文化性的要求也逐步提高。世界商业发展趋势必然是以文化内涵为导向，通过氛围的营造与文化附加值的追加来吸引顾客，这也是空间设计中常用的设计手法。具有深厚文化意蕴的卖场设计不但能够给人们以美的艺术享受，还能让人们从心底感受文化的魅力，对文化进行进一步的了解和深化。从客观角度来说，具有文化倾诉的卖场设计作品不仅能够提升卖场本身的价值和意义，而且能够在与顾客的接触过程中提升顾客的艺术审美水平。商业卖场的建筑外形、卖场空间分隔、色彩设计、照明设计乃至陈设品的选用都应充分展现具有特色的文化氛围，帮助商场企业树立良好的公众形象和品牌形象。如广州某家古籍书店，其门头造型和柜台设计都表现了书店的主题，使读者一目了然（见图 1-4）。

图 1-4

## 2. 设计的特色与个性

卖场设计的特色与个性化是商场企业取胜的重要因素。卖场设计与运营的脱节、主题性的缺乏会使一些商店的卖场设计显得比较平庸，这些设计因过分趋于一致化或追求某些略带盲目的"时兴"而缺乏个性和特色。缺乏风格特色和文化内涵的卖场也就缺少了营销的"卖点"和"热点"。盲目堆砌高档装修材料、忽视个性风格塑造和文化特征是卖场设计的大忌，对整个商场的发展是不利的。

## 3. 设计的功能与需求

卖场设计首先要满足人们的心理、生理等需求，确保人的安全和身心健康，从多项局部考虑以人为本的精神实质，综合满足使用功能、经济效益、舒适美观、环境氛围等要求。现代商业空间设计要特别注重人体工程学、环境心理学、审美心理学、地域文脉等方面的研究，科学、深入地了解人们的生理特点、行为心理和视觉感受等方面对商业空间设计的要求。

在对卖场空间的组织、色彩、照明等方面进行设计时应相应地使用环境气氛烘托，注重人的行为心理、视觉感受要求。图1-5和图1-6所示是某家以黑色为基调的概念店，其中，楼梯和第二层阁楼中朝内的松木装饰面作为空间中耀眼的亮色反转，与黑色基调形成对比，这是一个具有较高识别度的卖场空间。

图1-5

图1-6

## 4. 设计的整体性

卖场设计的立意、构思、风格、环境气氛的创造必须着眼于环境的整体、文化特征及功能特点等多方面的考虑。建筑的内外设计应是相辅相成的、辩证统一的，这就需要设计者对环境整体有足够的了解和分析，立足于室内，着眼于室外环境，把卖场设计看作自然环境、城乡环境（包括历史文脉）、社区建筑环境、室内环境的互相连接和互相制约（见图1-7和图1-8）。

图1-7

图1-8

在设计卖场室内环境时要高度重视科学性、艺术性以及科学性与艺术性的相互结合，并运用建筑美学原理，使人们在心理上和精神上得到平衡。现代建筑和室内设计中需要解决的问题就是科学性与艺术性、生理要求和心理要求、物质因素与精神因素的平衡和综合（见图1-9和图1-10）。

图 1-9

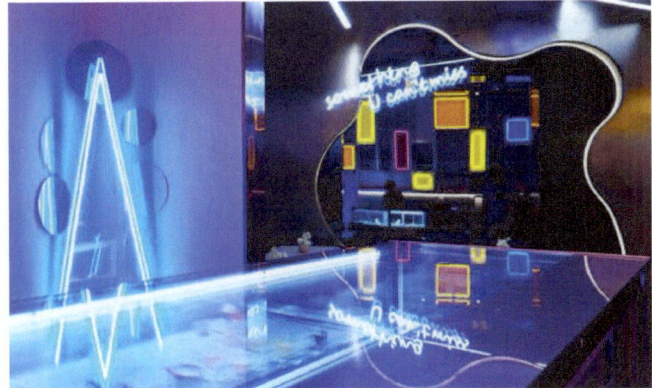

图 1-10

### 5. 设计的时代感

卖场的设计不仅要反映当时社会生活活动和行为模式的需求，采用当时的技术手段，完善时代的价值观和审美观，还要具有历史延续性，要追踪时代和尊重历史，要因地制宜以及考虑地方风格。图1-11所示是伦敦某服装店，其橱窗设计采用了20世纪80年代西欧建筑的地方设计风格，具有民族特点和历史延续性。

图 1-11

## 第二节　卖场设计的风格

　　风格流派的丰富性给予近现代的卖场以开阔的表现空间，为人类营造出更加舒适、轻松的生活、生产及活动空间，更给人类以新的生活理念和情感归宿。

### 一、传统风格

　　按传统风格设计的卖场是在室内的布置、线形、色调以及家具、陈设的造型等方面吸取传统装饰"形""神"的特征。例如，设计卖场时可以吸取我国传统木构架建筑室内的藻井、天棚、挂落、雀替的构成和装饰以及明清家具造型和款式特征（见图1-12和图1-13）；又如，设计卖场时可以吸取西方传统风格中的仿罗马式、哥特式、文艺复兴式、巴洛克、洛可可、古典主义等；此外，设计卖场还可以吸取日本传统风格、印度传统风格、伊斯兰传统风格、北非城堡风格等。传统风格常给人们以历史延续和地域文脉的感受，它使卖场环境具有民族文化渊源的形象特征。

图 1-12

图 1-13

### 二、现代风格

　　卖场设计中的现代风格起源于1919年成立的包豪斯学派。该学派在当时的历史背景下，强调打破旧传统，创造新建筑，重视功能和空间组织，注重结构构成本身的形式美，追求简洁的造型，反对多余的装饰，崇尚合理的构成工艺，尊重材料的性能，讲究材料自身的质地和色彩，重视实际的工艺，强调设计与工业生产的联系。

　　图1-14所示是某鞋包店的营业区，主墙面被设计成弧形，鞋架的陈列简约、时尚、整洁。整个墙面用

玻璃和墙面粉刷两种不同的装饰材料与生机勃勃的草绿色来表现，与其对面的橙黄色陈列柜形成对比，加上明亮的灯光设计，使整个空间清新、整洁、简单、合理。

## 三、后现代风格

不同于现代风格所秉承的"少即是多"的理念，后现代风格的代表人物罗伯特·文丘里提出了"少即是乏味"的理念。后现代风格认为建筑及室内装潢应具有历史的延续性，但又不拘泥于传统的逻辑思维方式，而探索创新造型手法，讲究人情味，因而常在室内设置夸张、变形的柱式和断裂的拱券，或把古典构件的抽象形式以现代的新的手法组合在一起，即采用非传统的混合、叠加、错位、裂变等手法和象征、隐喻等手段。后现代风格的代表人物还有 P. 约翰逊和 M. 格雷夫斯。

图1-15所示是某服装店的营业区，其中，主墙面被设计成展示区，展架的陈列非常简约、时尚、整洁。

图1-14

图1-15

## 四、自然风格

有史以来，人类就一直不断地造物，为生命的生存、生活制造出人工化的第二自然。人们在利用自然的同时也在改造自然，建造出另一个不同的自然界。在人工自然中，人们的生活已经开始背叛自然，自然风格就是人类向人工自然挑战的"宣言书"。自然风格倡导回归自然，推崇真实美、自然美。自然风格认为在高科技发展的今天，人们只有在自然当中才能使其生理及心理趋于平和、安定。

自然风格赋予卖场以自然的生命。因此，在设计卖场时应使用天然的木料、石材等进行装饰，这些天然的装饰材料以其自然的纹理和清新淡雅的气质而广受欢迎。所以，卖场设计中形成了自然、田园的艺术形式，力求在设计中表现优雅、舒适的田园生活情趣的同时，创造出自然、简朴、高雅的生活氛围。

图1-16所示是某服装店的营业区，其中，主墙面被设计成老式红砖墙，展示区陈列的是一个鱼形展架，使人产生优雅舒适的田园生活情趣。

## 五、综合型风格

在"综合即是设计"的时代设计理念的指引下，人们已经将卖场的综合性、多元化加入卖场的设计当中，

即将卖场中的诸多要素（尤以风格、气质的装饰表现为主）进行超越时间和空间概念的融合。综合型设计风格在设计中的表现形式多种多样，设计方法不拘一格，并可以充分运用古今中外的一切艺术手段进行设计，例如，在设计卖场时可以将中国传统的门窗结构与西方的建筑结构相组合，或是将传统屏风与现代化的生活环境相结合。

图 1-16

因此，卖场的综合型设计是使卖场环境在具有时代性的同时，还具有传统艺术魅力的痕迹，将不同表现力的设计元素结合得自然和谐、天衣无缝，创造出别具匠心、新颖舒适的卖场环境。

## 六、其他风格

在历史的发展过程中，随着文化、艺术及设计观念的不断深入，各种空间设计流派层出不穷。新地方主义派强调地方特色或民俗风格。新古典主义派注重运用传统美学法则使现代材料与结构造型和设计造型规整、端庄、典雅。东方情调派提倡"天人合一"的思想，其设计作品常体现朴素、古雅的中国风和东方情。

# 第二章

# 卖场空间设计

## > 本章内容

　　本章讲解了卖场空间形式的分类及卖场空间设计的相关知识，并在空间类型、色彩设计、光环境设计等方面进行了深入的分析与理解。本章对卖场室内空间设计进行了详细的介绍，并对各空间的分类、处理方式及色彩、照明应用进行了介绍与讲解。

## > 相关知识

　　1.卖场空间的处理方式。

　　2.卖场空间的色彩应用。

　　3.卖场空间的照明应用。

## > 训练目的

　　通过对卖场空间设计的学习与认识，提升对卖场空间进行设计的能力，重点掌握卖场空间的处理方式与色彩应用，了解照明设计的一般规律，熟练掌握专业制图软件，并能用手绘形式表达设计构思与设计意图。

卖场室内界面是指围合成卖场空间的地面、墙面、顶面。室内界面的设计既有功能技术要求，也有造型美观要求，既有界面的线形和色彩设计，又有界面材质选用和构造问题。因此，在进行卖场空间设计时，既要考虑界面的造型、色彩等艺术效果，又需要将界面与卖场室内的设施、设备等紧密地协调起来。卖场室内界面的设计决定着卖场空间的容量和形态，既能使卖场空间丰富多彩、层次分明，又能赋予卖场空间以特性，同时有助于加强商店卖场空间的完整性。

## 第一节　卖场空间的处理方式

人们对卖场空间的环境气氛的感受，通常是综合的、整体的。无论是卖场空间的形状，还是作为实体的卖场室内界面，都能影响人们对卖场的感受。卖场空间由于墙体不同的围合形式便产生不同的空间形态，而空间形态的不同会使人产生不同的购物心理。总之，卖场空间的不同处理手法和不同的目的要求的最终目的是营造一个舒适的购物环境，供人们休闲、娱乐。卖场空间可以根据不同空间构成所具有的性质和特点来加以分类，以利于在设计空间时选择和利用。

### 一、开敞空间与封闭空间

开敞空间和封闭空间是相对而言，开敞的程度取决于有无侧界面、侧界面的围合程度或开洞的大小等。

#### 1. 开敞空间

开敞空间是外向型的，限定性和私密性较小，强调与周围空间环境的交流、渗透，讲究对景、借景以及

图 1-17

与大自然或周围空间的融合。它可提供更多的室内外景观和扩大视野。在设计时，开敞空间灵活性较大，便于经常改变室内布置。在心理效果上，开敞空间常给人以开朗、活跃的感觉。在景观关系上和空间性格上，开敞空间则分别是收纳性的和开放性的。

图 1-17 所示是天津某女装卖场，该卖场采用了开敞空间设计，其设计给人以开朗、活跃的感觉，给消费者提供了广阔的室内外景观，并扩大了消费者的视野。

#### 2. 封闭空间

封闭空间是用限定性较高的围护实体包围起来的，在视觉、听觉等方面具有很强的隔离性，在心理上让人容易产生领域感、安全感。

图 1-18 所示是伦敦某女性时装店卖场，该卖场采用了封闭空间设计。

## 二、动态空间与静态空间

### 1. 动态空间

图 1-18

动态空间也称为流动空间，具有空间的开敞性和视觉的导向性。动态空间的界面组织具有连续性和节奏性，空间构成形式富有变化和多样性，使视线从一点转向另一点，引导人们从"动"的角度观察周围事物，将人们带到一个空间和时间相结合的"四维空间"。动态空间一般属于卖场空间的走廊和楼梯等公共部分。开敞空间连续贯通之处正是引导视觉流通之处。空间的动态感既在于塑造空间形象的运动性上，更在于组织空间的节律性上。

图 1-19 和图 1-20 所示是日本三重县某商场，该商场采用了动态空间设计。

图 1-19

图 1-20

### 2. 静态空间

一般来说，静态空间的形式相对稳定，常采用对称式和垂直水平界面处理。静态空间的空间比较封闭，构成比较单一，人们的视觉多被引到在一个方位或一个点上，整个空间比较清晰、明确。静态空间的限定性比较强，趋于封闭型，多为处于末端的房间，私密性较强。

图 1-21 所示是天津某女性时装店卖场，该卖场采用了静态空间设计。

## 三、虚拟空间与虚幻空间

### 1. 虚拟空间

图 1-21

虚拟空间是指在已经限定的空间内通过界面的局部变化而再次限定的空间。虚拟空间缺乏较强的限定性，而是依靠"视觉实形"来划分空间，所以也称为"心理空间"，如局部升高或降低地坪和天棚或用不同材质、色彩的平面变化来限定空间。

图 1-22 所示是日本东京某大型综合卖场，该卖场采用了虚拟空间设计。

### 2. 虚幻空间

虚幻空间是利用不同角度的镜面玻璃的折射及室内镜面反射的空间虚像。虚幻空间把人们的视线转向由镜面所形成的虚幻空间。虚幻空间可使人们产生空间扩大的视觉效果；有时通过几个镜面的折射，可以让原来平面的物件在视觉上产生立体空间的效果；还可把不完整的物件紧靠镜面使其在视觉上产生完整物件的假象。在室内特别狭窄的空间，常利用镜面来扩大空间感，并利用镜面的反射作用来装饰、丰富室内景观，使有限的空间产生了无限的可能性。

图 1-23 所示是某高级品牌时装店的卖场，该卖场采用了虚幻空间设计，它采用的现代工艺所造成的奇异光彩和特殊肌理创造了新奇、超现实的空间效果。

图 1-22

图 1-23

## 四、凹入空间与外凸空间

### 1. 凹入空间

凹入空间是在室内某一墙面或局部角落凹入的空间，是在室内局部退进的一种卖场空间形式，特别在入口设计中运用比较普遍。由于凹入空间通常只有一面开敞，具有一定的私密性，因此受干扰较少，可以形成安静的角落。有时可将天棚降低，造成清静、安全、私密的效果。凹入空间根据凹入的深浅和凹入面积的大小不同，可以用于多种用途的布置，例如，可以利用凹入空间布置休息椅，创造出理想的交流空间和休息空间；也可以在餐厅、咖啡室等地方利用凹室布置雅座，以避免人流穿越的干扰，从而获得良好的休息空间。

### 2. 外凸空间

凹、凸是一对相对的概念，如外凸空间对内部空间而言是凹室，对外部空间而言是凸室。设计时，希望大部分的外凸空间可以将建筑更好地伸向自然、水面，达到三面临空的效果，使室内外空间融为一体；也可以通过锯齿状的外凸空间，改变建筑的朝向和方位等。外凸空间在现代商业建筑中运用得较为普遍，如建筑中的挑阳台、阳光房、空中花园等。

图 1-24 所示为日本大阪市某商业街的凹入空间与外凸空间设计。

图 1-24

## 五、抬高和下沉空间

将室内地面局部抬高，被抬高的地面的边缘划分出的空间称为"地台空间"。地面升高形成一个台座，与周围的空间相比显得十分醒目突出，因此，该空间是外向型的，具有收纳性和展示性，处于地台上的人们具有一种居高临下的优越感，视线开阔，趣味盎然。"地台空间"适用于惹人瞩目的展示、陈列等，如将家具、汽车等产品以地台的方式展出，创造新颖、现代的空间展示风格。专卖店可利用地面局部升高的地台布置主打商品，产生简洁而富有变化的卖场空间形态。在设计过程中可将降低的台下空间用于储存、通风、换气，改善室内环境。一般情况下，地台抬高的高度为 40~50 cm（见图 1-25）。

下沉空间又称地坑，是使室内地面局部下沉，使其在统一的卖场空间产生一个界限明确、富于变化的独立空间。下沉地面比周围地面要低，具有隐蔽感、保护感和宁静感。这使下沉空间成为具有一定私密性的小天地。同时随着视线的降低，人的空间感觉增大，下沉空间适用于多种性质的空间。根据具体条件和要求，可设计不同的下降高度，也可设计围栏保护。一般情况下，地面的下降高度不宜过大，避免使人产生进入底层空间或地下室的感觉（见图 1-26）。

图 1-25

图 1-26

15

## 六、共享空间

共享空间是为了适应各种频繁、开放的公共社交活动和丰富多样的旅游生活的需要，由波特曼首创，在各国享有盛誉。从空间处理上，共享空间是一个具有运用多种空间处理手法的综合体系。它大中有小、小中有大、外中有内、内中有外，相互穿插，融合各种空间形态。变则动、不变则静，单一的空间类型往往是静止的感觉，多样变化的空间形态就会形成动感，共享空间就是一种多样变化的空间形态（见图1-27）。

## 七、母子空间

人们在大空间活动、交流时，有时会感到相互之间产生的干扰，缺乏私密性，空旷而不亲切。而在封闭小空间虽然避免大空间的这些缺点，但又会使人产生购物不便和空间沉闷、闭塞的感觉。母子空间是对空间的二次限定，是在原空间中用实体性或象征性的手法限定出小空间，将封闭与开敞相结合，在许多空间设计中被广泛采用。将大空间划分成不同的小区域，增强了亲切感和私密感，更好地满足了人们的心理需求。这种在强调共性中有个性的空间处理，强调心（人）与物（空间）的统一，是卖场空间设计取得的进步（见图1-28）。

图1-27

图1-28

## 八、交错（穿插）空间

利用两个相互穿插、叠合的空间所形成的空间，就称为交错空间或穿插空间。现代卖场空间设计已不满足于封闭的六面体和精致的空间形态，而是在创作中将室外空间的城市立交模式引入室内，在分散和组织人流上颇为相宜。交错（穿插）空间交错穿插，静中有动，不但丰富了室内景观，也给卖场空间增添了生气和活跃的氛围。交错（穿插）空间中水平和垂直方向的空间流动，具有扩大空间规模的功效。空间活跃、富有动感，便于组织和疏散人流。在设计卖场空间时，水平方向采用垂直护墙的交错配置，使空间在水平方向上穿插交错。在交错（穿插）空间中，空间相互界限模糊，空间关系密切。

## 九、灰空间

灰空间又称为模糊空间，它的界面模棱两可，具有多种功能，空间充满复杂性和矛盾性。灰空间常位于两种不同类型的空间之间，如室内与室外之间、开敞空间与封闭空间之间等。灰空间由于其不确定性、模糊性、灰色性，而延伸出含蓄和耐人寻味的意境，多用于处理空间与空间的过渡、延伸等。对于灰空间的处理，应结合具体的空间形式与人的意识感受，灵活运用，创造出人们所喜爱的空间环境。

图1-29所示是日本东京都目黑区商业街，该商业街采用了灰空间设计。

图 1-29

## 第二节　卖场空间的色彩运用

## 一、色彩的心理作用

### 1. 色彩与心理

每一种颜色都具有特殊的心理作用，能影响人的温度知觉、空间知觉甚至情绪。色彩的冷暖感起源于人们对自然界某些事物的联想。例如：红、橙、黄等暖色会使人联想到火焰、太阳，从而使人有温暖的感觉；白蓝和蓝绿等冷色会使人联想到冰雪、海洋，而使人感到清凉（见图1-30）。

图 1-30

### 2. 色彩与空间感

色彩明度不同，在视觉上就会造成不同的空间感，可产生前进、后退、凸出、凹进的视觉效果。明度高的暖色给人以突出、前进的感觉，明度低的冷色给人以凹进、远离的感觉。色彩在卖场布置中的作用是显而易见的。在空间狭小的卖场里，用使人产生后退感的颜色，使墙面显得遥远，从而使卖场给人以开阔的感觉（见图 1-31 和图 1-32）。

图 1-31

图 1-32

### 3. 色彩与情绪

色彩的明度和纯度会影响人们的情绪。明亮的暖色给人活泼感，深暗色给人忧郁感。白色和其他纯色组合时使人感到活泼，而黑色则是忧郁的颜色。色彩的这种心理效应可以被有效地运用到卖场设计中。例如，对于自然光不足的卖场，使用明亮的颜色使卖场笼罩在一片亮丽的氛围中，会使人感到愉快（见图 1-33 和图 1-34）。

图 1-33

图 1-34

### 4. 墙面色彩

墙面的色彩构成了整个卖场的色彩基调，商品、照明、饰物等色彩分布都受墙面色彩的制约。墙面色彩的确定首先要考虑卖场的朝向。对于向南和向东的卖场，光照充足，墙面宜采用淡雅的浅蓝色、浅绿色等冷色调；对于向北的卖场或光照不足的卖场，墙面应以暖色为主，如奶黄色、浅咖啡色等，不宜用过深的颜色。墙面色彩的选择要与商品的色彩和室外的环境相协调。墙面的色彩可以对商品起烘托作用，如果墙面色彩过于浓郁凝重，则起不到背景作用，所以墙面宜用浅色调，不宜用过深的色彩（见图 1-35 和图 1-36）。

图 1-35　　　　　　　　　　　　　　　　　　　图 1-36

### 5. 色彩心理学对商店卖场的影响

　　红色、黄色、橙色等暖色调能使人心情舒畅，产生兴奋感；而青色、灰色、绿色等冷色调则使人感到清静，甚至有点忧郁。白色、黑色是视觉的两个极点。研究证实，黑色会分散人的注意力，使人产生郁闷、乏味的感觉。长期生活在这样的环境中人的瞳孔极度放大，感觉麻木，久而久之，会对人的健康、寿命产生不利的影响。把卖场都布置成白色，有素洁感，但其反射的白色光线太亮，易刺激瞳孔收缩，诱发头痛等病症（见图 1-37）。

图 1-37

　　正确地应用色彩美学，有助于改善卖场的条件。对于宽敞的卖场，采用暖色装修，可以避免卖场给人的

空旷感；对于小空间的卖场，采用冷色装修，在视觉上让人感觉宽敞；对于人少的卖场，配色宜选暖色，对于人多而喧闹的卖场，宜用冷色。在严寒的北方，人们希望温暖，选用暖色装饰卖场的墙壁、地板、商品、窗帘，会使人有温暖的感觉；反之，南方气候炎热、潮湿，采用青色、绿色、蓝色等冷色装饰卖场，使人感觉上会比较凉爽（见图1-38和图1-39）。

图1-38

图1-39

## 二、色彩与视觉

1）色相

色相是色彩的一种最基本的视觉属性，这种属性可以使我们将光谱上的不同部分区别开来（见图1-40），即按红、橙、黄、绿、青、蓝、紫等颜色感觉来分色谱段。如果缺失了这种视觉属性，便无所谓色彩了，就像全色盲人的世界那样。根据有无色相属性，可以将外界引起的色彩感觉分成两大体系：有彩色系与非彩色系。

①有彩色系即具有色相属性的色彩感觉。有彩色系才具有色相、饱和度和明度三个要素。

②非彩色系即不具有色相属性的色彩感觉。非彩色系只有明度一种要素，其饱和度为零。

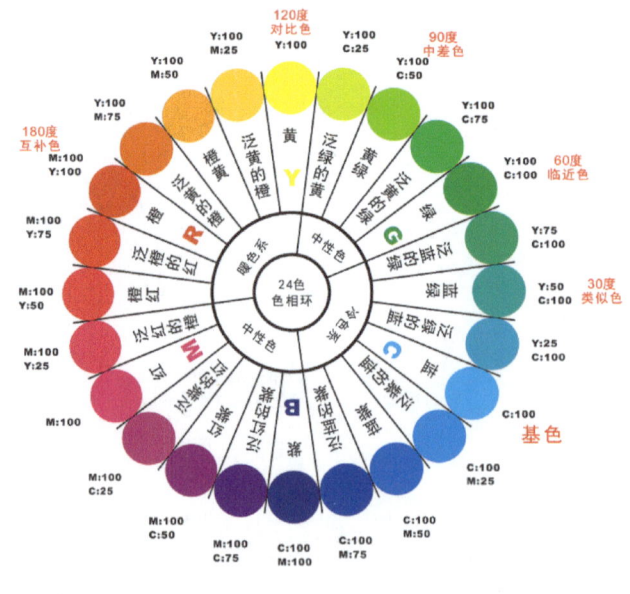

基色　30度类似色　60度临近色　90度中差色　120度对比色　180度互补色

图1-40

2) 饱和度

饱和度就是色彩的纯度，是那种使我们可以在色彩鲜艳程度上做出区分的视觉属性，色彩鲜艳程度与相应的饱和度成正比关系（见图1-41）。根据人们使用色彩物质的经验，色彩浓度越高，颜色越浓艳，饱和度也愈高。非彩色系的饱和度等于零，正如同我们在彩色显示器上将色彩逐渐调淡，到最后变成的黑白画面一样。

图1-41

3) 明度

明度是一种可以使我们区分出明暗层次的视觉属性。这种明暗层次决定于亮度的强弱。

根据明度感觉的强弱，从最明亮到最暗可以分成三个层次：白——高明度端的色彩感觉，黑——低明度端的色彩感觉，灰——介于白与黑之间的中间层次明度的色彩感觉（见图1-42）。绘画中的素描和不着色的雕塑就是利用这种明度层次来表现艺术主题的。

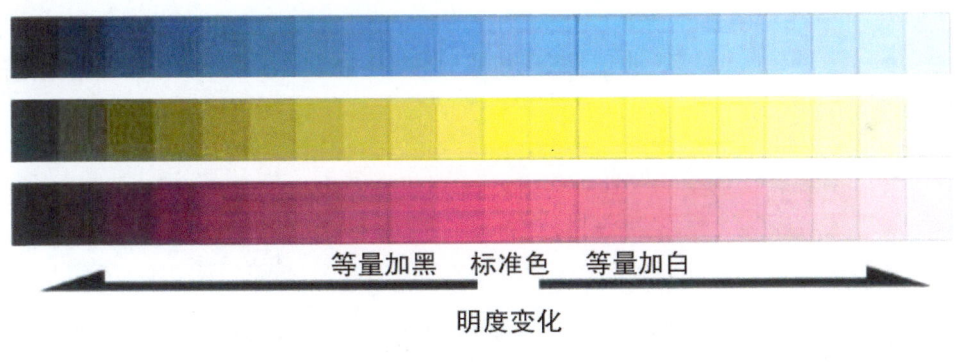

等量加黑　标准色　等量加白

明度变化

图1-42

## 三、卖场空间的色彩设计

### 1. 色彩服从功能

在设计卖场空间的色彩时要充分考虑功能要求，卖场色彩应满足功能和精神的要求，其目的在于使人们感到舒适。在进行色彩设计时应认真分析每一个空间的使用性质，如果使用对象不同或使用功能有明显区别，那么卖场空间色彩的设计就必须有所区别。

### 2. 色彩符合空间构图需要

卖场色彩配置必须符合空间构图原则，充分发挥卖场色彩对空间的美化作用，正确处理协调和对比、统一与变化、主体与背景的关系。在设计卖场空间的色彩时，首先要定好卖场空间色彩的主色调。色彩的主色调对卖场氛围起主导和润色、陪衬、烘托的作用。形成卖场色彩主色调的因素很多，主要有卖场色彩的明度、

色相、饱和度和对比度。其次要处理好统一与变化的关系。如果有统一而无变化，就达不到美的效果，因此，要在统一的基础上求变化，这样容易达到良好的效果。为了取得统一又有变化的效果，对大面积的色块不宜采用过分鲜艳的色彩，而对小面积的色块可适当提高色彩的明度和饱和度。此外，卖场色彩设计要体现稳定感、韵律感和节奏感（见图1-43）。为了体现稳定感，常采用上轻下重的色彩关系。卖场色彩的起伏变化，应给人一定的韵律感和节奏感，注重色彩的规律性，切忌杂乱无章。

图 1-43

### 3. 利用色彩改善空间效果

充分利用色彩的物理性能和色彩对人心理的影响，可在一定程度上改变空间的尺度、比例，可分隔、渗透空间，进而改善空间效果。例如：空间过高时，可用暖色调，以减弱空旷感，提高亲切感；墙面过大时，宜采用冷色调；柱子过细时，宜用浅色；柱子过粗时，宜用深色，以减弱笨粗之感（见图1-44）。

图 1-44

符合多数人的审美要求是卖场设计基本规律，但对于不同民族来说，由于生活习惯、文化传统和历史沿革不同，其审美要求也不同。因此，设计师既要掌握卖场设计的一般规律，又要了解不同民族、不同地理环境的特殊习惯和气候条件。

### 4. 色彩配置

卖场空间的色彩对人的活动、情绪和空间气氛都具有一定的影响，可运用其基本规律和美学法则对其进行色彩设计。当人们观察的商品具有色彩时，商品所处的背景应为物体颜色的补色，使人眼从其背景上获得平衡和休息，同时强烈的视觉刺激加强了顾客对商品的印象。在陈列着大量商品的卖场空间中，由于商品本身的颜色五彩缤纷、鲜艳夺目，其背景应尽量保持中性，以形成对比。所以，卖场的背景色彩较多采用无彩色系，如灰色，以淡雅朴素的背景衬托出商品（见图1-45和图1-46）。

图1-45　　　　　　　　　　　　　　　　　　　　　图1-46

卖场空间的色彩配置往往比居住空间、办公空间更加大胆，颜色更加鲜艳，对比更加强烈，其目的是吸引人们的注意力，取得较好的经济效益。

图1-47所示是香港海港城的某家女性化妆品展台，从其装饰可以看出其墙面、顶棚、地面的处理非常简单，均为平面无任何造型，但其红色的货架在白色顶棚、墙面以及灰黑色地面的衬托下非常醒目，色彩非常鲜明。

图1-47

图1-48所示为某皮包专卖店，其空间设计配合货品特点，通过陈列重点商品进行室内布置，且其灰色的背景墙非常深邃、素雅。

23

图 1-48

## 第三节　卖场空间的照明应用

在消费行为和消费心理日趋复杂化的情况下，零售商、商店为树立和强化自己的品牌形象，使自己的品牌形象、概念和特点区别于其他的零售商、商店，以及为了更好地吸引、取悦和留住客户，作为零售商、商店可以有多种措施和方法，但照明设计是最为有效的手段和相对便宜的投资，并且它最容易吸引顾客进入卖场空间。

### 一、照明的具体功能

卖场照明的具体功能可概括为以下几点：

（1）吸引顾客；

（2）吸引购物者的注意力；

（3）创造合适的环境氛围，完善和强化商店的品牌形象；

（4）创造购物的氛围和情绪，刺激消费；

（5）以最吸引人的光色使商品的陈列生动、鲜明。

照明能够帮助零售商、商店强化购买行为分析中的"驻足""吸引""引诱"这一"三部曲"。根据顾客的购买行为和购买心理，利用照明创造吸引顾客的购物氛围，就变得非常重要。

图 1-49 和图 1-50 所示是杭州某家女装店的照明设计。

图 1-49 图 1-50

## 二、照明设计的基本原则

### 1. 实用性和安全性

室内照明应保证照度水平满足工作、学习和生活的需要，设计时应从室内整体环境出发，全面考虑光源、光质、投光方向和角度的选择，与室内活动的功能、使用性质、空间造型、色彩陈设等相协调，以取得整体环境效果。

一般情况下，线路、开关、灯具的设置都必须有可靠的安全措施，诸如：分电盘和分线路一定要有专人管理；电路和配电方式要符合安全标准，不允许超载；在危险地方要设置明显标志，以防止漏电、短路等造成的火灾和伤亡事故的发生。

### 2. 经济性和艺术性

照明设计的经济性有两个方面的意义：一是采用先进技术，充分发挥照明设施的实际效果，尽可能以较少的投入获得较大的照明效果；二是在确定照明设计时要符合我国当前在电力供应、设备和材料方面的生产水平。

照明装置具有装饰卖场、美化环境的作用。室内照明有助于丰富卖场空间，形成一定的环境气氛。照明可以增加空间的层次和深度，光与影的变化使静止的空间生动起来，能够创造出美的意境和氛围，所以在进行卖场照明设计时应正确选择照明方式、光源种类、灯具造型及体积，同时处理好颜色、光的投射角度，以改善空间效果，增强卖场环境的艺术效果（见图 1-51 和图 1-52）。

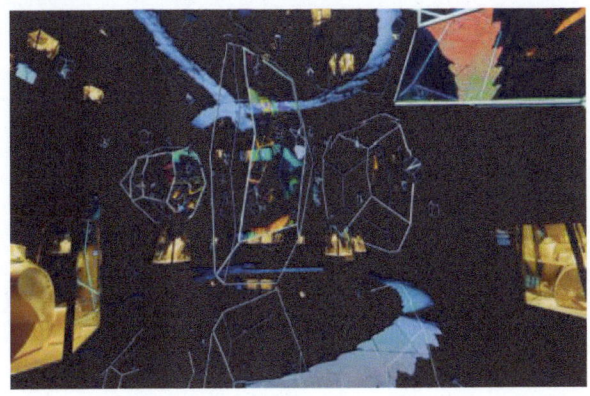

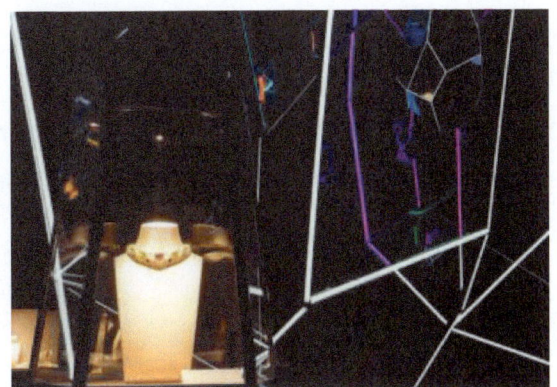

图 1-51 图 1-52

### 三、照明方式的分类

（1）一般照明。一般照明是指整个室内基本一致的照明，多用于共享空间等场所（见图1-53）。一般照明具有以下优点：即使室内工作布置变化，也无须变更灯具的种类与布置；照明设备的种类较少；可以创造均匀的光环境。

（2）分区的一般照明。分区的一般照明是将工作对象和工作场所按功能来布置的照明方式。这种照明方式所用使的照明设备，也同时用于卖场的一般照明。分区的一般照明具有以下优点：在卖场的利用系数高；可改变灯具的位置，能防止产生使人心烦的阴影和眩光。

（3）局部照明。局部照明是在小范围内，对各种对象采用个别照明的照明方式，富有灵活性（见图1-54）。

（4）混合照明。混合照明就是综合使用各种照明方式。

图 1-53

图 1-54

# 第三章

# 案 例 赏 析

## 一、武汉万达广场

　　图 1-55 为武汉万达广场的卖场设计。万达广场是结合现代和传统的设计元素的经典之作。其发光性的图案外表皮将这个广场打造成为一个梦幻般的世界，给购物者全新的体验。所有的设计部件，如连贯的围护结构、动态外立面照明及其内容、建筑周围的景观和空间的规划以及内部从中庭到楼上和所有走廊上的指示标语，都体现了协调和流动的理念。

图 1-55

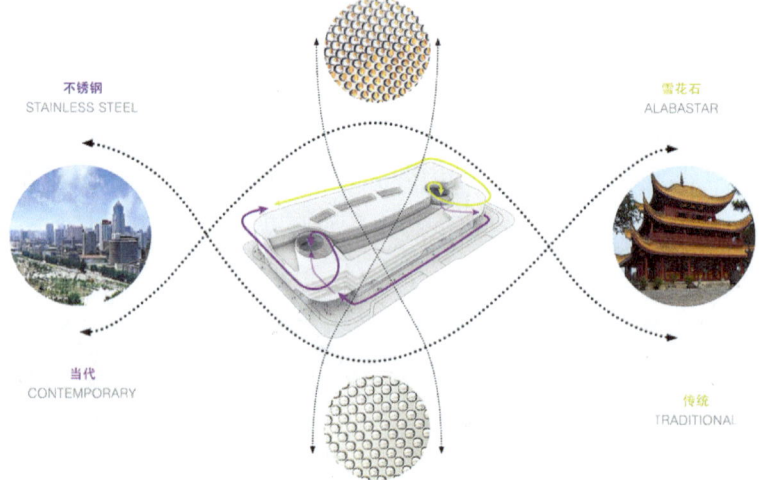

不锈钢
STAINLESS STEEL

雪花石
ALABASTAR

当代
CONTEMPORARY

传统
TRADITIONAL

续图 1-55

## 二、ARTIST HOUSE 买手店

图 1-56 为 ARTIST HOUSE 买手店的卖场设计。卖场内共包含 A、B、C、D、E 五个服装区，一个咖啡吧及休息区，一个鞋包配饰区以及一个美容沙龙。三条蓝紫色的"丝带"贯穿全卖场，起到整合空间以及引导的作用，将大卫、维纳斯等经典雕塑形象以当代的表现手法融入整个卖场空间，增强消费者与空间主题的互动感。

图 1-56

续图 1-56

续图 1-56

续图 1-56

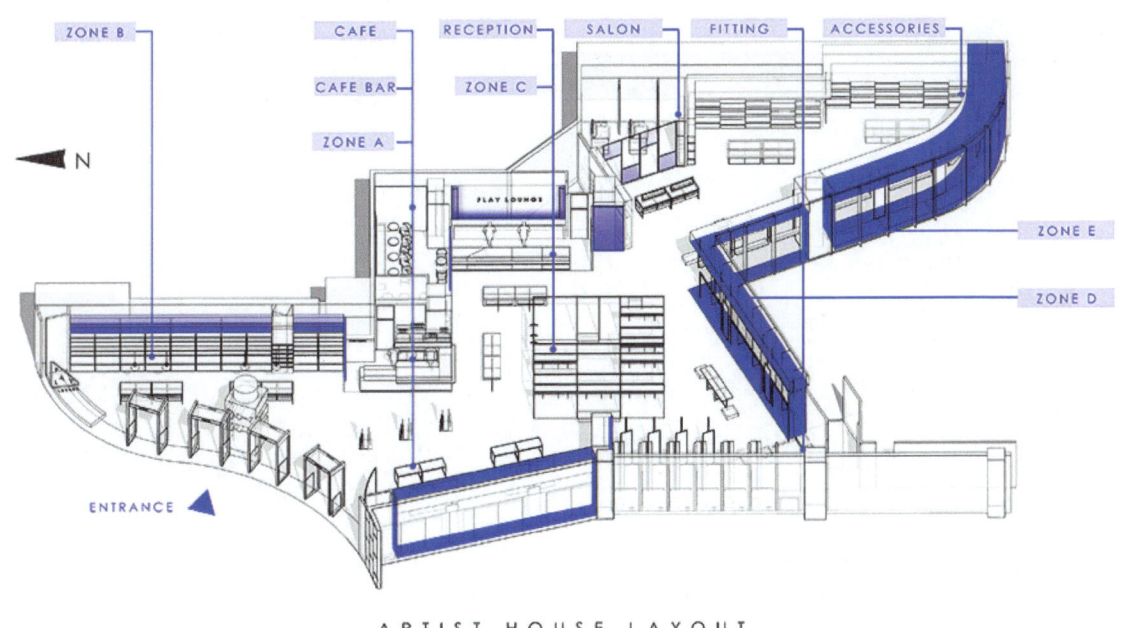

续图 1-56

## 三、WeMarket 未马市共享零售空间

图 1-57 为 WeMarket 未马市共享零售空间设计。该零售空间设计与品牌自身文化与需求相辅相成。WeMarket 旨在打造中国独立设计师展售平台，为中国独立女性的时尚需求发声。这样的定位使其设计要跳出传统卖场的销售空间，转向如何以时尚为媒介、以视觉与空间为手段，将 WeMarket 打造成引领潮流、艺术、设计于一体的公共平台。

图 1-57

续图 1-57

续图 1-57

续图 1-57

Shangye Kongjian Sheji

第二部分
**餐饮空间设计**

# 第一章

# 概　　述

## 本章内容

　　从古至今，大多数餐饮空间都不仅仅是单纯地作为用餐场所而存在的。餐饮空间在为人们提供饮食服务的同时，还发挥着商务交流、信息传播、联络情感、传承文化等作用。中国人更是有着在饭桌上办事的习惯，由此可见餐饮空间在人类社会活动中早已成为了不可或缺的一类重要社交场所。对人们生活和工作发挥着如此巨大作用的餐饮空间，其功能规划与审美需求方面势必会受到人们日益严苛的要求，如何让餐饮空间更加贴切地满足现代人的生理及心理需求便成了室内设计者们不断探究的内容。

## 相关知识

　　1.餐饮空间设计的概念。
　　2.餐饮空间的类型。
　　3.餐饮空间设计的发展趋势。

## 训练目的

　　随着社会的发展和进步，餐饮空间的重要性与日俱增，在日常生活中扮演着不可或缺的角色。通过对本章的学习，掌握餐饮空间设计的概念，了解餐饮空间设计分类及其发展趋势，并深入探究餐饮空间设计。

## 第一节　餐饮空间的概念

俗话说：民以食为天。中国古代的贤哲管子也曾说过："食、色，性也"。这是把进食看作人类的本性之一。饮食在人们日常生活中占据着不可取代的重要位置，随着餐饮业的兴起，餐饮空间设计也应运而生。

餐饮作为一项与人的生活息息相关的日常活动，包含人们两方面的需求：物质需求与精神需求。随着我国经济的发展，物质、文化变得丰富，人们对饮食的要求也逐渐提高，生活水平的提高导致人们对就餐环境的要求也有所提高。人们开始追求精神层面的享受，消费者对餐饮空间的选择已经不局限于饮食，更多的是寻求精神生活的享受，从以充饥为目的转向以享受、休闲为目的。餐饮空间是具有明显特征的商业空间，这就决定了餐饮空间设计的宗旨是"设计为商家创造利润"。一切的设计活动都是围绕着这样的宗旨来表现。经营者的市场定位是餐饮空间设计的依据，品牌与空间形象的结合是餐饮空间的必然发展之路。

餐饮空间设计的概念不同于建筑设计和心理需求的公共空间设计。在餐饮空间中，消费者需要的不仅仅是美味的食品，更是一种使人的身心彻底放松的气氛。餐饮空间设计强调的是一种文化，是一种人们在满足温饱之后的更高的精神追求。餐饮空间设计包括餐饮空间的位置设计（见图2-1）、餐饮空间的店面外观设计及内部空间设计、色彩与照明设计、内部陈设及装饰布置，也包括了影响顾客用餐的整体环境和气氛的营造（见图2-2）。

图 2-1

图 2-2

餐饮业是集即时加工制作、商业销售和服务性劳动于一体，向消费者专门提供各种酒水、食品、消费场所及设施的食品生产经营行业。

餐饮的概念主要有两种：一是饮食；二是提供餐饮的行业或机构，通过满足食客的饮食需求，获取相应的服务收入。不同地区、不同文化中的人们的饮食习惯和口味不同，因此，世界各地的餐饮表现出多样化的

特点。

　　从广义上说，餐饮空间是凭借特定的场所和设施，为顾客提供食品和服务的经营场所，是满足顾客饮食需要、社会需求和心理需求的环境场所。从狭义上来说，餐饮空间主要是指餐厅的经营场所。

## 第二节　餐饮空间的类型

　　餐饮空间按照不同的分类标准可以分成若干类型。餐代表餐厅与餐馆，而饮则包含西式的酒吧与咖啡厅以及中式的茶室、茶楼等。餐饮空间的分类标准包括经营内容、空间规模及其布置类型等。

### 一、按照经营内容分类

#### 1. 高级宴会餐饮空间

　　高级宴会餐饮空间主要是用来接待外国来宾或举行国家大型庆典、高级别的大型团体会议以及宴请接待贵宾之用。这类餐饮空间是按照国际礼仪设计的，空间通透，餐座、服务通道宽敞，设有大型的表演和演讲舞台。一些高级别的小团体贵宾要求用餐空间相对独立（见图2-3）、不受干扰、配套功能齐全（见图2-4），这类餐饮空间甚至还设有接待区、会谈区、文化区、娱乐区、康体区、就餐区、独立备餐间、厨房、独立卫生间、衣帽间和休息卧室等功能空间。

图 2-3

图 2-4

#### 2. 普通餐饮空间

　　普通餐饮空间主要是经营传统的高、中、低档次的中餐厅和专营地方特色菜系或专卖某种菜式的专业餐厅（见图2-5），适用于机关团体、企业接待、商务洽谈、小型社交活动、家庭团聚、亲友聚会和喜庆宴请等。

这类餐饮空间舒适、大方、体面，富有主题特色，文化内涵丰富，服务亲切周到，功能齐全，装饰美观（见图2-6）。

图 2-5　　　　　　　　　　　　　　　　　　　图 2-6

### 3. 快餐厅

快餐厅主要经营传统地方小吃、点心、风味特色小菜或中、低档次的经济饭菜，适用于简单、经济、方便、快捷的用餐需要，如茶餐厅、食街、美食广场（见图2-7）、大排档等。这类餐饮空间简洁、运作快捷、经济方便、服务简单、干净卫生（见图2-8）。

图 2-7　　　　　　　　　　　　　　　　　　　图 2-8

### 4. 西餐厅

西餐厅主要是满足西方人生活饮食习惯的餐厅。其环境按西式的风格与格调并采用西式的食谱来招待顾客，西餐厅分传统西餐厅、地方特色西餐厅和综合休闲式西餐厅。传统西餐厅是主要经营西方菜系，以传统的用餐方式和以正餐为主的餐厅，有散点式、套餐式、自助餐式（见图2-9和图2-10）。休闲式西餐厅主要是为人们提供休闲交谈、会友和小型社交活动的场所，如咖啡厅（见图2-11）、酒吧（见图2-12）、茶室等。

## 二、按照空间规模分类

（1）小型餐饮空间：面积在 100 m² 以内的餐饮空间，这类餐饮空间比较简单，着重于室内气氛的营造。

（2）中型餐饮空间：面积为 100 ~ 500 m² 的餐饮空间，这类餐饮空间的功能比较复杂，在设计中型餐饮空间时，除了加强环境气氛的营造之外，还要进行功能分区、流线组织以及一定程度的围合处理。

（3）大型餐饮空间：面积在 500 m² 以上的餐饮空间，这类餐饮空间注重功能分区和流线组织。

图 2-9

图 2-10

图 2-11

图 2-12

## 三、按照空间布置类型分类

（1）独立式的单层空间：一般为小型餐馆、茶室等采用的类型。

（2）独立式的多层空间：一般为中型餐馆采用的类型，也是大型的食府或美食城所采用的空间形式。

（3）附建于多层或高层建筑的空间：大多数的办公餐厅或食堂属于这种类型。

（4）附属于高层建筑的裙房：部分宾馆、综合楼的餐饮部或餐厅、宴会厅等大中型餐饮空间属于这种类型。

# 第三节　餐饮空间设计的发展趋势

进入新世纪，世界经济得到了大发展，中国面临着机遇，更面临着挑战。随着社会经济的不断发展，餐饮业在人们生活中所占位置日益重要，新形式的发展对餐饮空间设计提出了新的要求。

在餐饮空间中，人们已经不再局限于对菜品的要求，反而对空间环境、心理感受及服务体验等有了更多诉求。为了顺应这一发展趋势，餐饮空间已经从单一地向顾客销售食品和饮料的空间逐渐发展成推广饮食文化、体现人文内涵的新型文化空间，这就要求设计者能根据空间使用性质，运用美学原理和技术手段，结合各类不同材质的特性创造出功能合理、适用舒适、形式美观，并且能反映其文化内涵的空间环境。在这样的背景下，餐饮空间设计方法随着空间内涵的变化而不断向前发展，其发展主要呈现出如下几种趋势。

（1）功能复合化。随着餐饮业的不断发展，餐饮空间已经发生巨大变化，饮食、娱乐、交流、休闲多种功能的交融已经成为餐饮业发展的大方向。在这样的情况下，餐饮空间从满足人们的口腹之欲的场所转化成现在多元化、复合性的功能空间，这种转变正好迎合了人们喜欢多样化需求，以及追求新颖、方便、舒适的美好生活愿望，是与时代发展和大众需求相契合的。

（2）空间多元化。现代餐饮空间的功能越来越多样化，为了与之相匹配和相适应，各类餐饮空间的空间形态也呈日益多元化趋势发展，在中、大型餐饮空间中，常以开敞空间、流动空间、模糊空间等为基本构成单元，结合上升、下降、交错、穿插等方式对其进行组织变化，并将其划分为若干个形态各异、互相连通的功能空间，这样的组织方式使空间层次分明、富有变化，让人置身其中，能充分体会变化的乐趣。

（3）信息数字化。随着科技的发展，信息数字化已经渗透到人们生活的每一个角落，餐饮空间也不例外。在许多主题餐厅里，利用数字媒体或者计算机控制的装饰物被广泛应用，有些餐饮空间以数字化媒介装置作为物品或者信息传递的主要途径，例如：一些特色餐厅里使用贯穿整个空间的"水道"，以此实现菜品的全自动运输；还有一些餐厅为了减少信息传递误差，节约传递时间，提升工作效率，所以选择计算机系统进行服务信息的传递。餐饮空间随着这些数字化方式的渗透变得越来越便捷和人性化，这对餐饮业的发展无疑具有良好推动作用。

（4）材料绿色化。随着城市化进程的不断加快，生活在水泥钢筋混凝土里的人们离大自然越来越远，但是正因为这样，人们对健康、环保的渴望日益强烈，更加向往大自然，追求低碳生活。正是因为人们的这种追求，促使设计者在进行餐饮空间设计时不得不考虑如何营造更为健康的生态空间，一部分餐饮空间的设计者开始将室外的绿色景观引入室内餐饮空间，但这只适合于某些特定主题的餐饮空间，而更多的时候则是在设计时通过选择环保、健康的材料，尽可能选用自然材料对整体空间进行装饰，以达到营造健康的空间环境这一目的，在现代餐饮空间设计中，选材是非常重要的一大环节。

（5）手法多样化。餐饮空间设计是随着整个餐饮行业的进步不断向前发展的，为了适应发展、满足使用者的需求，设计者在设计手法上不断创新，力求运用多种设计手法来营造最佳的用户体验餐饮空间。近年来，交互设计法、数字化设计法、信息可视化法、景观室内设计法等都逐渐被应用到餐饮空间设计里。

# 第二章
# 餐饮空间的功能空间设计

## 本章内容

本章以餐饮空间各个功能分区的规划为开端，从顾客、经营者、服务人员的需要出发，依次分析各功能分区空间设计，考虑空间尺度与整体空间面积的协调，探索室内的功能布局，思考如何满足各个功能空间的特性，同时保证其相互协调，以满足顾客从进入到入座就餐，以及最后走出餐饮空间的各种身心需求，让人舒适而愉悦。

## 相关知识

1.餐饮空间外观设计。

2.餐饮空间公共区设计。

3.餐饮空间就餐区设计。

## 训练目的

明确餐饮空间各组成部分的设计内容、设计要点以及注意事项，思考各种合理的设计，以使顾客再次光临。

## 第一节　餐饮空间外观设计

外观设计不仅能展现店主希望呈现的形象与概念，同时也是顾客决定进店就餐的关键因素，决定着该餐饮空间在复杂的视觉环境中是否能脱颖而出。门面是餐饮空间外部形象的直接展示（见图2-13），它是由门头、外墙、大门、外窗等部分组成的。

图 2-13

### 一、门头设计

门头设计是一门理性创作与感性表现并重的设计。门头作为餐饮空间的主要外部标志，很大程度上代表了餐饮空间的性质与特征，对整个门面的装饰起到画龙点睛的作用（见图2-14）。赋予创意、设计精巧、与众不同、标新立异的门头设计具有很强的吸引力，使顾客一看到店门面就能产生视觉上的震撼和情感上的共鸣（见图2-15）。

在进行门头设计时，应力求创意新颖、清新不俗、通俗易懂、赋予美感，使其具有较强的吸引力，促进消费者的思维活动，达到理想的心理需求，从而带来更多的经济效益。建筑外观可以向潜在的顾客传达餐饮空间类型的相关信息。门头的结构最好结合餐饮空间原有的建筑结构进行设计，不仅可以减少装修费用，并且在外部形象的处理上也易与原建筑整体保持协调。门头招牌上的文字要醒目，要具有特点，一个词语、一句话、一句名言都可以赋予招牌以创意色彩。例如，在中式餐厅的门头设计中，可以选择以琉璃瓦为材料，以便通过材料的使用突出餐厅的档次。在连锁性质的餐饮空间设计中，可以把具有可识别性的设计元素融入设计之中，使顾客不看招牌也能将其识别。

图 2-14

图 2-15

## 二、外墙设计

　　外墙是一个餐饮环境的面孔，是构成餐饮环境形象的关键部分。外墙的设计风格多种多样，如具有新颖独特风格的外墙、具有民族特色风格的外墙、具有简洁明快风格的外墙（见图 2-16）、具有古老庄重风格的外墙等，不同设计风格会给消费者留下不同的印象。

图 2-16

　　设计外墙的色调时要用自然光，不同的光源照射以及不同的装饰材料都会产生不同的色调（见图 2-17）。在外墙配色的选择上，可以选用同色系的色调（见图 2-18），也可选用不同色系的色调，一般以明度较高的色调为好，因为这样能使餐饮空间显得明快、干净。但是，一些需要强调个性的餐饮空间，其外墙可以根据现场的实际情况使用富有个性的色调。需要注意的是，在保证与周边环境相协调的同时，应尽量突出外观形象。

图 2-17

图 2-18

## 三、大门设计

在设计大门时，一定要选择与门头以及外墙风格相匹配的样式（见图 2-19）。一般情况下，可以根据尺度选择采用现成的型材。但在大多数情况下，需要对大门进行合理的设计，特别是对于想要强调个性的餐饮空间，大门设计是整个门面设计中的重要环节（见图 2-20）。

图 2-19

图 2-20

## 四、外窗设计

餐饮空间是提供公众服务和彼此交流的场所。其中，玻璃窗户的合理使用无疑是有效实现视觉交流的方式（见图 2-21），不仅可以增加室内与室外的交流，还可以改善光线，使空间最大化（见图 2-22）。需要注意的是，要适量控制玻璃窗在外立面材料的使用过程中所占比重，因为天气等因素会对玻璃产生影响，

所以在进行外窗设计时务必考虑材料的选择问题。

图 2-21

图 2-22

## 第二节　餐饮空间公共区设计

　　现代餐饮空间是由多个功能区域所组成的营业场所，各部分功能区域的配置要服从餐饮空间经营内容和管理的要求。餐饮空间按其经营内容、性质、方式等的不同，可划分为各种不同类型的餐饮空间。不同类型的餐饮空间的平面布局、空间组织与划分的处理方式截然不同，其包含的功能要求、分区面积及面积配比也会各不相同。对于各类型的餐饮空间，从空间的功能构成上都可将其简单地划分为前厅与后厨两部分。前厅是面向顾客，供顾客直接使用的场所，如门厅、接待厅、散座、包间、洗手间等；而后厨则是面向经营人员、厨房人员及服务人员的场所，如厨房、办公室、储藏室、更衣室等。前厅与后厨的关键衔接点是备餐间，这是将厨房加工好的主副食传递到前厅的交接点。从顾客与管理者的角度来规划功能区域，餐饮空间的前厅和后厨又可细分为公共区、就餐区、厨房区、酒水区和后勤区。

　　公共区是顾客与服务人员共同使用的区域，属于餐饮空间的前厅部分。从顾客与餐饮经营服务的角度来说，公共区包括入口区、前厅服务区、候餐区、通道区与洗手间等功能区域。其中，入口区、前厅服务区、候餐区具备引导、接待顾客的功能，是顾客进入餐厅后所接触的第一个区域，也是给予顾客室内整体感受的第一个空间，因此这个区域各部分的配合要具备完善的功能、合理的容量、便捷的人流组织。

### 1. 入口区

　　餐饮空间的入口区是顾客步入餐饮空间的地方，即从室外到室内的过渡空间。如果说餐饮空间外部的整体形象能够给来此就餐的顾客留下第一印象，那么餐饮空间的入口区将带给顾客进一步的感受和体验（见图 2-23）。

图 2-23

入口区是一个过渡空间，而不是简单的设施。门或者门洞是整个空间的重要组成部分，扮演着故事开始和结束的角色（见图 2-24）。餐饮空间入口区的设计除了要有助于顾客进入时保持井然有序，满足基本的空间过渡、顺畅流动的功能外，还应体现自身特色（见图 2-25）。因此，餐饮空间的入口区设计无论在材料、色彩、造型等方面都要满足功能需要，还要具备形式美感，突出个性和特色，使形式和内容完美结合。

图 2-24

图 2-25

从空间的节奏和序列对顾客产生的心理影响来说，入口区是让顾客体验从室外到餐饮空间内部的过渡区域（见图 2-26），这就需要在大门和前厅服务区之间设立小型的玄关入口门厅，这样在顾客正式进入餐饮空间前便能够给顾客提供一个短暂的缓冲空间（见图 2-27）。然而，很多餐饮空间没有入口门厅空间或者入口门厅空间过于狭小，导致顾客不能进行短暂的停留或在此产生拥堵现象。很多餐饮空间为了营业额，而最大化利用空间，往往牺牲入口门厅的公共空间，在此处摆放就餐桌椅，完全以功能为主，较少考虑就餐人群的视觉与心理需求。久而久之，势必会使来此就餐的顾客产生不好的心理感受，容易导致这些餐饮空间缺少吸引力。尽管宽阔舒适的入口门厅会占用餐饮空间的营业面积，但从长远的角度来看，这样做是利大于弊的。

图 2-26

图 2-27

入口区的形式各种各样，餐饮空间是依附于建筑物的内部空间还是作为独立的建筑，入口形式是决定因素之一。气候等因素可以影响餐饮空间的入口外观，在进行入口区设计时需要考虑这些因素对顾客舒适度的影响。因此，设计入口区时应考虑温度、光照、声音这三种自然和物理环境因素的调节作用。

1）温度对入口区设计的影响

从温度这一环境因素的角度讲，入口区的气温应在合理的范围之内，以使顾客在进入餐饮空间后感到舒适。比如在寒冷的气候条件下，可考虑在餐厅的入口区设置双层门或防风门斗，以形成空气隔离带，使进门的顾客不会感觉冷。此外，门的结构和材质也会影响顾客的心理感知，例如，双开的玻璃门会让顾客感觉清洁、明快，也让顾客易于看到餐饮空间的营业状况，正在就餐的顾客则可以看到餐饮空间外面的情景，而精心设计的木门则会让顾客在心理上有一种温馨感。

2）光照对入口区设计的影响

在光照方面，入口区的光线要根据室外光线进行调节，比如顾客从耀眼的阳光下走进餐饮空间时，由于光线强度的不同，顾客会觉得很不舒适，甚至出现暂时看不清楚的情况。因此，入口区的人工光照应具备一定的调节能力，以起到缓冲的作用。

3）声音对入口区设计的影响

在声音方面，由于入口区是顾客进出及等候其他顾客的集散地，聚集的顾客较多，所以此处的声音必须得到控制，设计时可考虑在天花和地面使用隔音或消音的材料。

## 2. 前厅服务区

1）基本功能

前厅服务区是服务人员集中为顾客提供餐饮服务的区域。根据经营内容的不同，服务区所包含的功能和形式也有所差异。一般来说，大多数的餐饮空间都设有接待服务区，只是有些餐饮空间把接待和点餐、收银服务分开了。从功能上来说，这个区域应该具备展示餐饮空间形象、提供点餐服务、接收和传递顾客信息、陈列餐饮商品、结账收银等功能（见图 2-28）。前厅服务区一般配置有计算机、账单、电脑收银机、电话及对讲系统、电脑订餐系统、订餐记录簿等（见图 2-29）。

图 2-28　　　　　　　　　　　　　　　图 2-29

2）附加功能

设计餐饮空间时，可将简单的饮品加工功能规置于前厅服务区，如酒水的加温与冷冻处理，以避免后台过多的加工内容及信息交流，从而提升整体的服务效率和品质（见图 2-30）。例如，酒吧间除了供应顾客饮料、茶水、水果、烟、酒等，一般还有专门的操作台、冰柜、陈列柜、酒架、杯架等（见图 2-31）。

图 2-30　　　　　　　　　　　　　　　图 2-31

3）细节设计

从顾客需求的角度出发，在以快餐为主的小型餐饮店中，通常可以由前厅服务区直接引导顾客到点餐台（见图 2-32）。点餐台或就餐区应设置在顾客一进门就可以看见的地方，否则顾客可能分不清方向。而在以正餐为主的中、西餐厅中，就餐中的社交活动远大于填饱肚子的目的，因此，顾客希望从入口区到就餐区有一个过渡和缓冲区域，以满足社交活动的需求（见图 2-33）。

图 2-32

图 2-33

另外，一些中、小型餐厅的服务台还提供临时贮存顾客物品的功能。因此，从平面布局来说，前厅服务区的位置应靠近入口区，与餐饮区相邻，并与后台保持紧密联系，以利于顾客信息的传达，且其造型布局、装饰陈设、灯光色彩等均应体现出餐厅的经营特色，以吸引顾客的注意，使他们对室内环境形成先入为主的印象。此外，以正餐为主的中、西餐厅的前厅服务台的尺寸和体积不宜过大，因为大多数顾客不会去前厅服务区点餐或结账，过大的服务台只会占据较多的营业面积，影响餐厅的盈利。而自助式餐厅的前厅服务区则很重要，因为自助式餐厅没有服务生提供点菜服务，所以，前厅服务区就应该配备菜品的基本信息、价格等，并为顾客提供选择食物的参考建议，同时，前厅服务区也应有吸管、纸巾、餐具等一些基本配置。

### 3. 候餐区

1）基本功能

候餐区是顾客等候就餐和餐后休息的区域。我们经常会碰到这样的情景：餐厅人多且没有空余的位置，也找不到可以休息和等待的场所，入口区和走廊往往十分拥挤杂乱，一方面影响了等待就餐的人的心情，另一方面也让正在就餐的人感到焦躁不安，影响就餐心情和效果。所以，在一些人流量大的餐饮空间，比如烧烤店、火锅店、自助餐厅，必须安排一定的区域用来接待顾客，而且把此区域遮挡在就餐顾客的视野范围之外，最好再安排一些报纸或时尚杂志，以转移顾客注意力，使其安静地等待。

2）影响因素

对于一些综合餐厅，特别是一些面向大众的餐厅，即便是就餐前已经预定，有时也需要等待就餐。这就需要设置一个舒适的候餐空间。快餐厅一般不设置候餐区，入口区直接通向点餐台，方便顾客，节约时间，以体现快餐厅"快"的特点，而以正餐为主的中、西餐厅一般都设有候餐区。

根据经营规模和服务档次的不同，候餐区的设计处理有较大区别。出于对营业面积的考虑及营利性的需要，经营规模和服务档次较低的餐饮场所一般将候餐区的功能规置于入口区，简易地布置一些沙发、座椅、茶几，供顾客休息等候，而不再单独设置候餐区。对于经营规模和服务档次较高的餐饮场所，其候餐区则是从入口区中划分出来的，单独设置一块相对独立的区域，或将候餐区设在包间内，设有电视、音乐、书籍、茶水等，候餐区的设计强调其功能性，并布置体现餐厅主题和文化内涵的装饰、陈设品和室内景观。

多数情况下，位于商业区的较大规模的餐饮经营场所由于就餐人流量大，为避免就餐顾客、候餐顾客及离去顾客在入口区交会，影响交通流线组织，所以必须将候餐区从入口区中划分出来，将候餐区单独作为一个区域进行处理，并保持该区域与入口区、就餐区的联系，这样做的目的：一是将就餐顾客进行分流，二是保证候餐顾客可以及时进入就餐区进行就餐。

3）面积考虑及细节设计

候餐区属于非营利性区域，因此划分区域的尺度和容量应与入口区一样，应根据上座率等情况进行统筹考虑，并且应从功能上考虑提升就餐区的盈利，如在候餐区设置当日主打菜系、特惠套餐及菜品预览的信息，使顾客在等候时就可提前了解菜品，缩短点菜时间，从而提高餐桌的使用频率。同时，还可放置一些酒类、饮料、餐具等餐饮附属品，以刺激顾客的潜在消费需求，如在中式茶室的设计中，候餐区可设置一些副食糕点柜、精品茶具及茶点等，以吸引顾客消费，促进茶室盈利。此外，餐饮业主还可以通过和某家品牌家具业主进行合作，把符合餐厅氛围的产品集中在候餐区进行展示。这样既可以销售产品，又可以作为候餐区的环境装饰，是一种双赢的模式。

### 4. 通道区

通道区在餐饮空间起着联结各个区域的功能，如果通道区的路径设计不合理就容易导致室内交通拥堵，或是由此造成各功能区之间联系不紧密甚至是空间浪费，这些都会对营业造成不利影响。设计合理的通道关系是提高空间使用率、提高餐饮空间服务效率的有效途径（见图 2-34 和图 2-35）。

图 2-34　　　　　　　　　　　　　　　　　　　图 2-35

1）从顾客角度考虑通道设计

从顾客的角度看，餐饮空间有很多空间关系是很重要的，比如就餐区到洗手间之间的距离，如果洗手间在通道的尽头甚至位于另外一层的话，就会给顾客造成困扰。如果洗手间与就餐区相邻而又相对隐蔽，那么顾客到洗手间的距离和经由路线就会变得相对简短和便捷。

2）从服务人员角度考虑通道设计

从服务人员的角度来说，厨房到就餐区每个餐桌的距离是很重要的，因为这与服务人员从后厨传菜到就餐区的效率息息相关。如果厨房与就餐区不在同一楼层，特别是走在湿滑的楼梯台阶上，服务人员的传菜工作就会出现一定的安全隐患，传菜效率也会受影响。在传菜过程中，如果服务人员经过顾客使用的楼梯间，会对就餐人流产生较大的干扰，所以，在设计多层餐饮空间时，就有必要在备餐区附近设置内部专用的服务楼梯或小型电梯。

3）从实际使用功能角度考虑通道设计

从实际使用功能的角度讲，大多数餐饮空间的平面规划，连接就餐区与公用区的通道都比较紧凑。这样做的意义：一是缩短就餐路径，便于进入餐饮空间的顾客和等候的顾客及时用餐（见图2-36）；二是促进信息交流，利于服务人员及时向候餐顾客传递餐位信息，提高服务效率和品质；三是避免流线交叉，顾客在用餐完毕后可在前厅服务区与亲友寒暄，或在结账后不经过其他区域而直接离开，避免路线的迂回，防止流线交叉带来的不便（见图2-37）。对休闲类餐饮空间来说，就餐区与入口区、候餐区之间一般设置有较长的通道来进行连接，以体现休闲类餐饮空间经营的特点，因为这段通道周边的公共空间通常可以成为集中体现主题设计的区域。

图 2-36

图 2-37

4）通道区与其他区域的关系

从通道区与其他区域的关系来分析，在餐饮空间的前厅（见图2-38），服务人员的行为必定和就餐人群产生一定的交叉，如引导、点菜、传菜等服务，这些属于通道区的合理性交叉。然而，餐饮空间还存在着一些不合理交叉，如服务人员与就餐人群共用卫生间、服务人员在就餐区临时休息或进餐、传菜服务经过顾客使用的楼梯间等，这些本应在厨房区完成的行为出现在了前厅，与就餐人群活动产生了多余的交叉，这些交叉不仅阻碍顾客的正常活动，也会对就餐人群的心理情绪造成负面影响。因此，在设计之初，要对客流量、客流方向以及服务人员的流向做大致的预案。在考虑通道区与其他区域的关系时，在就餐者与员工交叉的通道上应将空间流动保持最小化。如果在设计时由于受其他方面的因素制约而实在无法避免重叠，那么应将通道的宽度设计得更宽敞些（见图2-39）。

图 2-38

图 2-39

### 5. 洗手间

在餐饮空间的空间构成中，洗手间是餐饮空间的组成部分，它虽然不像就餐区、厨房那样重要，但又是必不可少的空间部分。对于大多数顾客而言，到餐饮空间用餐时都可能会使用洗手间，但洗手间的设计往往被忽视。随着人们对餐饮环境、氛围的不断重视，对洗手间也提出了更多的功能要求，而不再是将其当作餐饮空间的附属区域进行简单处理。因此，洗手间的设计已成为衡量餐饮空间声誉、档次的关键部分之一，如果能设计出干净、漂亮的洗手间，便能反映出餐饮空间以人为本的服务态度。

1) 洗手间的规模

洗手间的规模取决于餐饮空间的规模。一般情况下，独立经营的餐饮空间无论其规模大小都应该设置有洗手间。但对于一些小型餐厅，限于经营面积的考虑，一般不设有洗手间或在前厅设有供服务人员与顾客合用的洗手间，而从长远经营的角度考虑，是不提倡这种做法的。

2) 洗手间的布局

从整体的平面布局来看，对于洗手间的设置，其出入口位置要相对隐蔽，避免就餐的顾客直接看到，影响就餐心情。可以考虑将洗手间设在靠近餐饮区的边角部位或隐蔽部位，同时又要使其位置明确，便于顾客寻找。所以，处理好这两个方面是解决就餐区与洗手间关系的重点。可考虑通过完善的室内标识的方法来定位洗手间，以解决此类问题。室内标识的设计可以采用图案、文字或图案与文字相结合的方式，但总体上要遵循指示明确、醒目美观的原则，还要与餐饮空间的就餐环境相一致，并突出个性化的特点（见图2-40和图2-41）。此外，洗手间的出入口应避免与备餐间的出入口靠得太近，以免与主要服务流动线形成交叉，影响服务效率和品质。

图2-40　　　　　　　　　　　　　　图2-41

3) 洗手间的细节设计

从使用功能的角度讲，在考虑餐厅洗手间的设计时，首先要注意洗手间的数量与客席的密切联系。据国际餐饮协会统计，去一次洗手间，每位女士平均要花8~10分钟，每位男士平均要花4分钟。这个数据对洗手间的设计有一定的参考价值。一般客席在100人左右的餐饮空间，在男洗手间配两个蹲便器和一个小便池，而在女洗手间则需要配两个蹲便器再加化妆区，在洗手池和化妆区上方可安装质地较好的镜子，确保无失真现象，并且要保持镜面干净光亮。在空间允许的情况下，可以考虑将洗手盆单独设置在卫生间外，并且洗手盆前应留有足够的空间，以免造成人流拥挤（见图2-42和图2-43）。此外，还要考虑设计残疾人专用洗手间。洗手间的用材、色彩、灯光、陈设等方面也是不容忽视的，其地面用材一般采用防滑材料，洗手台面用易清洁的装饰材料。干净、整洁的洗手间可使顾客感到舒服，同时又减轻了清洁人员的工作量（见图2-44）。

图 2-42                                 图 2-43                                 图 2-44

　　另外,服务人员使用的洗手间与顾客使用的洗手间要分开设置,不能合用。按照餐饮建筑设计规范的要求,厨房附近需要设置服务人员专用的洗手间。所以,在规划餐饮空间的功能分区时,要适当扩大后厨功能区的面积,提前预留内部卫生间的位置,避免共用卫生间现象的发生。服务人员使用的洗手间应位于后厨区域较隐蔽的地方,而顾客使用的洗手间应靠近就餐区并有所分隔。

　　洗手间如果设计精致、完美,会成为餐饮空间的亮点,为整体效果增色。因此对餐饮空间设计方案的每个细节都要深思熟虑,从全局出发,综合考虑。

## 第三节　餐饮空间就餐区设计

　　就餐区是餐饮空间的主体部分,也是餐饮空间的主要盈利场所,属于前台区域,位于入口区的末端,并与厨房相关联。它是消费者体验用餐过程的场所,又是用餐顾客与服务人员的交会处, 是各种流线、信息交接的纽带。就餐区包括座位、服务台、通风设备 、音响以及光电和照明系统等,是餐饮空间主要营业的区域和直接产生利润之处。这个区域占据着餐饮空间总面积的大部分,也是顾客待的时间最长的地方,同时也是最能体现餐饮空间主题的地方。就餐区的设计涉及餐饮空间的尺度、功能的分布规划、来往人流的交叉安排、家具的布置使用和环境气氛的舒适等诸多内容,因此是餐饮空间设计的重点。

### 一、就餐区的空间布局

#### 1. 就餐区的空间组织形式

　　就餐区是餐饮空间的重点功能区,是餐饮空间的经营主体区,从基本的使用功能角度出发,就餐区采用何种空间组织形式是需要重点考虑的内容。其空间的布置应能指引顾客和员工高效顺畅地来往于各个空间之间，且要主次分明、重点突出。空间组织要以顾客的无障碍流动和便捷使用为中心，而围绕客席展开的服务设施和服务路线应紧凑、便捷，客人路线和服务路线应尽量避免交叉，以免发生碰撞。在空间布置流线的同时要考虑餐椅的组合形式，是采用菱形的组合，还是采用方形的组合，是采用规整的排列组合（见图2-45），还是采用自由随意的无规则组合（见图2-46），是采用圆形桌、方形桌、长条形桌还是椭圆形桌（见图2-47），这些都是在空间布局的时候必须考虑的内容。到底采用何种空间组织形式，这就要根据就餐区空间的主题类型、空间的大小、空间原始图的特点来决定（见图2-48）。

图 2-45

图 2-46

图 2-47

图 2-48

### 2. 就餐区的空间开合设计

就餐区的空间设计需要结合功能做到开合有序：开即需要有开敞空间，开敞空间强调内、外环境的交流与渗透，讲究通过对景或借景与周围环境融合（见图2-49）；合即需要有半封闭空间，在就餐区不宜出现完全封闭的空间，半封闭空间既能有效改变空间形态、丰富空间效果，又能满足就餐者寻求私密和安全的心理需求（见图2-50）。在创造半封闭空间时，既可以用低矮的实体隔墙限定范围，也可以通过疏密相间的

隔断围合，这种分而不断的封闭方式在适度隔离空间的同时，也能使空间变得流畅、生动（见图2-51）。

图 2-49

图 2-50

### 3. 就餐区的空间组合

在设计餐饮空间就餐区的平面布局时，要注意静态空间和动态空间、固定空间和可变空间、实体空间和虚拟空间的组合关系。空间的动静、虚实之感通过完善的平面布局可表现出来，在设计平面布局时应注意，太过静态的布局会使空间显得呆板、单调，而一味地追求动态布局会使空间显得杂乱无章，缺乏秩序感和宁静感。因此，布局要从整体着手，在局部上又要有变化，以创造出动静结合、有主有次的流动空间（见图2-52）。

图 2-51

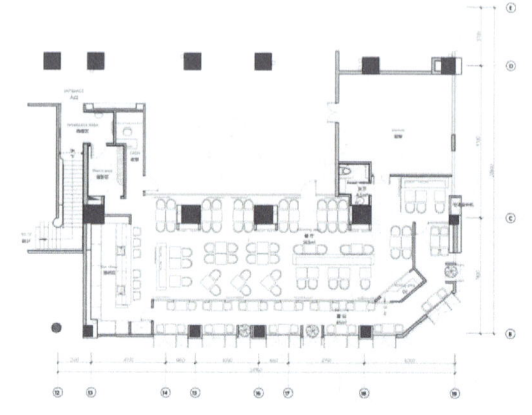

图 2-52

## 二、就餐区与厨房区的关系

### 1. 就餐区与厨房区的平面布局关系

从平面布局的角度讲，就餐区作为前厅的重心，厨房区作为后厨的重心，两者应紧密相连，以此来缩短上菜距离和保证前厅和后厨信息交流的即时性。因此根据餐饮空间经营内容的不同，就餐区与厨房区的平面布局一般分为两种形式：一是采用就餐区与厨房区相邻的方式，厨房区多采用封闭式厨房（见图2-53）；二是以厨房区为中心，就餐区分布在其四周的方式，厨房区多采用开放式厨房（见图2-54）。而当餐饮空间采用开放式厨房以吸引顾客的关注时，也分为两种情况：一是厨房的部分区域向顾客开放，其余内部加工区域仍进行封闭处理；二是将厨房的特色加工区域向顾客全部开放，如糕点制作区、冷食区等，但应与主厨保持一定的联系。由于厨房烹饪方式的不同，以经营中式菜肴为主的中餐厅大多采用第一种平面布局的形式，厨房区通过备餐间与就餐区相联系；而以经营各类饮品为主的休闲餐厅与以经营西式菜肴为主的西餐厅则常采用第二种平面布局的形式。

图 2-53

图 2-54

### 2. 就餐区与备餐间的功能关系

　　从功能分析的角度讲，对作为连接就餐区与厨房区的备餐间应给予充分的重视。在小型的餐厅和快餐店中，由于就餐位数的限制和快餐经营的特点，可考虑不设置备餐间；而在中、大型的餐厅中，尤其是对于人流量较大的餐饮空间而言，设置备餐间十分有必要。备餐间是就餐区与厨房区的过渡空间，是两者物品和信息的中转站，顾客用餐前的餐具、酒水与菜单整理，用餐中的菜肴分类及用餐后的餐具都移送至备餐间进行处理。同时，它也是服务人员在顾客和厨房操作人员之间传递信息的场所（见图 2-55）。所以，备餐间作为就餐区和厨房区联系的桥梁，应设计在两区域过渡的地带，这个位置既要是厨房出菜的必经之地，便于服务人员分菜和餐具整理，又要紧挨就餐区，这样能有效地缩短传菜距离，方便起菜、停菜等，并且其布局应尽可能与传菜线路平行，这样有助于服务人员进行上菜，提高效率（见图 2-56）。

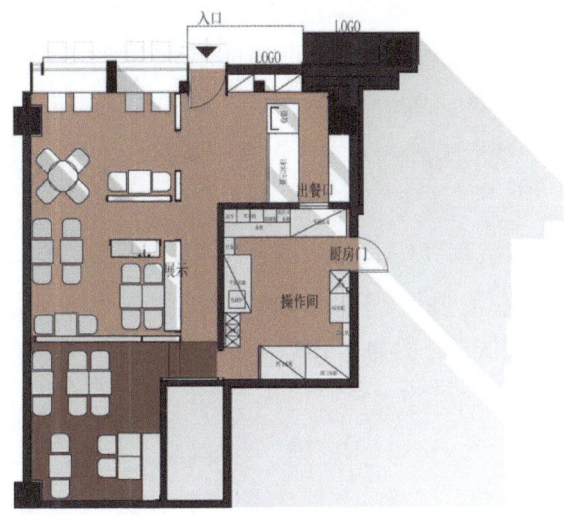

图 2-55

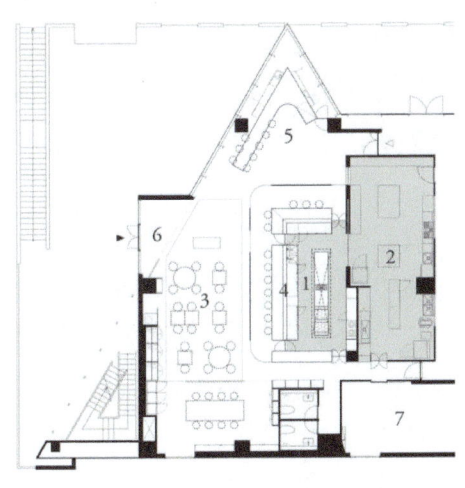

图 2-56

此外，在不同的餐饮经营场所中，备餐间有其不同的表现形式。中型的餐厅一般设有备餐间；而在大型餐厅以及宴会厅中，为避免送餐路线过长，常在餐饮空间的一侧设置备餐廊。对于单一功能的酒吧或茶室，其备餐间又称为准备间或操作间。

### 3. 就餐区与辅助区的关系

辅助区主要包括一些附属的功能性用房，例如办公室、员工房、管理室等。就餐区与辅助区的关系与公共区、厨房区相比，其相关性要弱一些，主要是对就餐区与辅助区中的办公室的关系要有所考虑，以便于经营管理人员对前厅的各种反馈信息有所了解，以及在用餐高峰期对相关服务人员进行调控处理，从而加强餐饮空间的经营管理。一般情况下，办公室的位置都会设在靠近厨房区与就餐区有所联系的地带，以达到上述目的。而对于辅助区中的其他区域，比如员工房等，就餐区与其没有直接的联系，可以不进行过多考虑。另外，辅助区中的储藏室作为厨房区的供给区域，它们之间具有密切的关联性。

### 4. 就餐区的座位布置形式

在设计就餐区时，要根据不同的功能需求和主题文化选择不同的空间形式。从整体上看，就餐区作为前厅的重心与公共区、厨房区及辅助区的关系既要有所分隔，又要保持一定的联系。此外，对地面或天花进行升高或降低处理有助于强化就餐区的界限。从局部上看，不同的餐饮空间由于经营内容、经营特点的不同，就餐区会有其不同的座位布置形式。但从总体上来看，就餐区的座位布置形式一般可划分为散座、卡座、包间3种形式。

1）散座

散座是指布置在就餐区中，用以满足大量零散客人就餐需要的座位。就餐单元之间的容量、尺度设置应考虑顾客就餐时的活动范围，以达到就餐时互不干扰的目的。对于邻近主要服务通道间的就餐单元的具体布置形式，需要结合服务人员的上菜线路、服务方式等因素对其进行布置。另外，在不同类型的餐饮空间中，散座区的布置有其不同的功能要求。在休闲类餐饮空间中，如茶室、咖啡厅等，一般均设有表演舞台，散座区应分布在其四周，以满足客人的观看需求。在以正餐为主的中式餐饮空间中，在散座区，每20~30个餐位需要配备一个备餐柜（见图2-57），用于临时放菜、放酒水、放桌布、放置从餐桌上撤换的餐具等，其目的是提高服务效率及加快用餐高峰期间餐桌的重新布置（见图2-58）。在西式餐饮空间中，常将散座区布置在冷餐台四周（见图2-59），以便于各个餐位取食方便，这是由于西餐是以冷餐为主，散座区的布置需要结合冷餐台的布局来进行考虑（见图2-60）。此外，西方人在就餐时特别强调就餐时的私密性，散座区应设计为一个个独立而又有相互联系的就餐单元，以营造私密的氛围。同时，对于设有开放式厨房的西式餐厅，可设置散座于厨房工作台四周，使顾客可以一边用餐，一边观赏厨师的厨艺，提高用餐乐趣。

2）卡座

卡座亦称雅座、情侣座、车厢座等，用于满足情侣客人和部分散客就餐时"尽端趋向"的心理需求。卡座的表现形式有很多种，如使用高靠背（见图2-61）、U形沙发，利用地台、隔断、软装饰（见图2-62）等，形成半包围结构的就餐单元（见图2-63和图2-64），从而营造出一种私密、幽雅的氛围。从平面布局上来看，卡座常分布于就餐区的边角部位，一般布置在窗边，除具有私密性的特点外还兼具观景的作用（见图2-65）。因此，卡座往往成为就餐区中顾客较为青睐的用餐座位。针对卡座的这一特点，在西式与休闲类这一私密、幽雅的餐饮空间中，卡座的布置数量可根据顾客的需求适当增多，以迎合顾客的消费心理需求。而在中式餐饮空间中，由于中餐采用聚食制，就餐的顾客多为群体，为突出喜庆、热闹的氛围，可适当减少卡座数量，以提高就餐区的盈利率。

图 2-57

图 2-58

图 2-59

图 2-60

图 2-61

图 2-62

图 2-63

图 2-64

图 2-65

3）包间

包间是指相对独立的封闭式区域，满足 4 人以上的群体顾客的用餐需求，具有一定的私密性。对于小型餐厅、快餐店而言，由于其经营特点及用餐面积的限制，一般不设包间。对于大、中型餐厅，其包间的设置则相对完善，有普通包间（见图 2-66）与 VIP 包间之分（见图 2-67）。

图 2-66

图 2-67

从内部使用功能的角度讲，普通包间除具有满足群体顾客用餐的基本功能外，还应具有放置物品、挂衣、会谈、休息、备餐等功能；而 VIP 包间更是将卫生间、备餐间、表演台等置于其中，最大限度地满足顾客需求，提升服务品质和用餐氛围。考虑到顾客对私密性的要求，包间的设计应使用隔音材料或消音材料，避免噪声的干扰；引入信息呼叫系统，顾客需要服务时可以通过呼叫服务人员而得到高效率的服务。

包间的门不要相对设置，应尽可能错开设置，以免顾客出门对视而引起尴尬。VIP 包间的出入口与其备餐间的出入口应分设，使顾客通道与服务通道分开，避免顾客流线与服务人员流线的交叉。可考虑利用各种活动的分隔方式，设置部分既可独立又可组合的包间，当群体顾客的人数较少时可分成独立的包间进行使用，而当群体顾客的人数较多时可以将这些独立的包间组合在一起，以解决餐位不足的问题。出于经营方式和服务管理的要求，包间应设有不同的门牌名号或结合室内标识处理成不同的图案，以示其唯一性、独特性，并且门牌名号或图案应与包间的整体设计风格或餐饮空间主题文化相统一，以引起顾客的心理共鸣。

### 5. 就餐区的家具布置

　　就餐区家具的布置是非常重要的。一般而言，随意的家具组合传递的是一种轻松、活泼、自由的空间情感，比较适合以年轻人为服务对象的餐饮空间，而以讲究严谨庄重的中老年人为主要服务对象的餐饮空间比较适合采用有序的布置组合家具（见图 2-68）。以白领为服务对象的主题餐厅，在家具的组合和选择上要满足白领的心理需要，他们一般追求较高的品质，对细节比较注重，讲究品位，因而在空间设计和家具选择上适宜挑选造型精致、色彩雅致、材料质感较好的家具和装修材料（见图 2-69）。餐饮空间设计最重要的是，设计是否满足了服务对象的需求，是否提高了他们的生活品质。

图 2-68

图 2-69

　　在就餐区，餐桌、餐椅和顾客关系最为密切（见图 2-70），餐椅又是重中之重，餐椅的舒适与否会给顾客带来最为直接的心理感受，它会影响消费者在餐厅的就餐时间，以及下次是否再来消费，因此餐椅的设计和选择除了考虑其风格、色彩、造型之外，人体舒适感、材质等也是要格外考虑的因素。这就好比家具的风格、色彩，造型是一种外在表现形式，而家具的尺寸是否合理，家具面料是否宜人，这些是内在功能形式（见图 2-71）。就餐区的家具设计和选择应根据人体工程学的原理，以科学的态度设计满足人们需要的餐椅，从细节上体现人性化和处处为顾客着想的理念。

图 2-70

图 2-71

# 第三章
# 案例赏析——特色餐饮空间设计

　　图 2-72 所示是特色餐饮空间润 SEASON 的餐饮空间设计。润 SEASON 品牌是一家主打椰子鸡火锅的特色餐饮。从空间设计上，其设计借用东南亚当地的元素，运用现代设计手法，呈现一个全新气质的润 SEASON。 在东南亚，由竹条和茅草搭建的屋架随处可见，于是利用原空间层高相对较高的优势，对东南亚标志性的茅草屋通过现代设计拆解和改造，在中心区域设置了两个改良版的"屋中屋"以作为独特的半封闭包间，并利用地势本身的高低差，在"屋中屋"的周边设置了相应的就餐座位区，客人在登上"屋中屋"后也可环视周边环境。水吧台上方的吊装仿木构架是由海南当地特有的黎锦（海南岛黎族民间织锦）几何纹抽象演化而成，并运用内外两层结构形成丰富多变的视觉装饰效果。在材质及色彩运用上，润 SEASON 主打绿色，绿色给人以健康、热带以及轻松的感觉，也有椰子的气息。采用绿色釉面砖、肌理漆、丝绒座椅以及绿色植物的装饰来配合整体木质与灰色的空间。

图 2-72

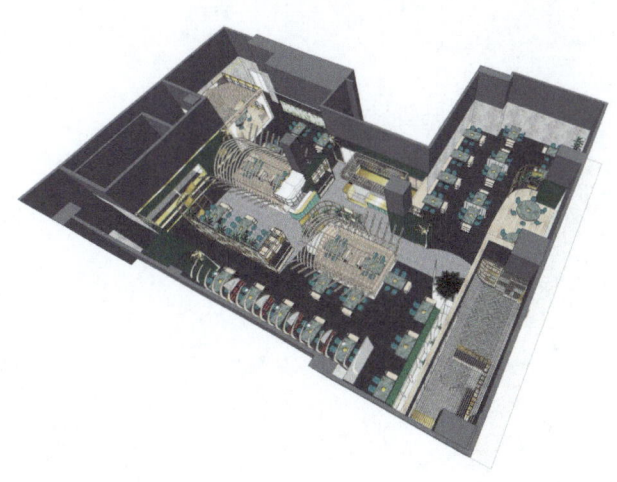

续图 2-72

Shangye Kongjian Sheji

第三部分
**酒店空间设计**

# 第一章

# 概　　述

> **本章内容**

　　本章主要讲述中外酒店空间设计的发展历程、酒店的分类和级别，以及因其规模、类型、等级标准等不同而产生的酒店空间设计的制约因素。

> **相关知识**

　　1. 酒店的发展历程。
　　2. 酒店类型及级别。
　　3. 酒店空间设计的制约因素。

> **训练目的**

　　了解酒店及酒店空间设计的发展历程，掌握酒店的种类和等级标准；通过对部分中外著名酒店的了解，了解酒店空间设计的现状，把握酒店空间设计的风格和趋势。

## 第一节　酒店及酒店空间设计的发展历程

### 一、中外酒店发展简述

酒店又称旅馆、宾馆、饭店、度假村等。它是在一定时段内，给宾客提供歇宿和饮食的场所。具体地说，酒店是以它的建筑物为凭证，通过出售客房、餐饮及综合服务设施向客人提供服务，从而获得经济收益的组织。酒店主要为游客提供住宿服务、生活服务及设施服务等，可作为餐饮、游戏、娱乐、购物、商务中心、宴会及会议场所等（见图 3-1 和图 3-2）。

酒店是人类文明进步的产物。随着经济和社会的发展，人们的消费需求不断提高，从古老、简陋、单纯到现代化、多样化、产业化、规模化，酒店也经历了一个漫长的演变过程。由此形成的酒店文化正在创造时尚，引领潮流，用浓墨重彩把现代社会点缀得更加绚丽多姿、充满活力。

图 3-1

图 3-2

#### 1. 中国酒店的发展

中国是世界上最早出现酒店的国家之一。从两千五百多年前孔夫子周游列国时住的"逆旅"，到后来各个朝代出现的"客栈"，就是酒店的原始雏形。在历史的演进中，随着各类人员流动和商品交换等活动日益频繁，那些公务往来的官差、走南闯北的商人、讲学设教的名流、不避寒暑的邮差、传经布道的宗教人士、求学赶考的莘莘学子、奔波谋生的平民百姓、寻欢游乐的达官贵人等，各种不同人群的不同喜好和不同需求，推进酒店业在大规模的人际交往和贸易流通等各项经济社会活动中不断添加功能、扩大规模，由仅为旅客提供简单食宿和基本生存条件的居所，逐渐发展为包含多种服务功能、建筑品位不断上升、内外环境更加优美的公共场所（见图 3-3 和图 3-4）。

图 3-3

图 3-4

　　鸦片战争之后，1863 年英国人殷森在天津建立了利顺德大饭店，是我国酒店建设的先河，成为国内第一家区别于传统旧式客店的旅游酒店。由此发端，我国真正意义上的酒店建设开始融入世界，在"西风渐进"中艰难地迈开了前进的步伐。

### 2. 国外酒店的发展

　　从中世纪初到 19 世纪中叶的早期工业革命时期，是国外酒店业最早的母体形成时期。19 世纪 30 年代末，美国波士顿的特里蒙特饭店落成，标志着世界上第一座具有现代意义的酒店诞生。到 20 世纪 40 年代中期，在这 100 多年中，酒店规模不断增大，功能不断增多，并且各具一格，凸显特色（见图 3-5 和图 3-6）。不再是应时商品，而成为投资者资产经营的重要领域。

　　第二次世界大战结束后，当欧亚各国还在医治战争带来的创伤，处于战后恢复阶段时，美国本土的文化产业和商业活动已经发达起来。科技成果的推广和应用，促进了美国酒店业的快速发展，以至于领先世界，较早形成规模，逐渐从城市扩展到海边。人们对酒店的需求也从单纯的食宿扩展到度假娱乐、休闲消遣等多方面的消费。20 世纪 50 年代后，在美国酒店产业与酒店文化的引领和带动下，国外酒店业迎来了一次快速发展的高潮，各种类型、各个级别的酒店在世界各地星罗棋布、大量涌现。可以说，现代酒店业起始于古老的欧洲，成长于追求个性解放、崇尚享乐主义的美国。

图 3-5

图 3-6

　　酒店业伴随着人类相互交流和商品交换等活动的需求应运而生，又以工业进步和商业发达为基础，依托交通运输业的发展，逐渐拓展服务功能，拓宽服务空间，由孤立封闭的状态转变为全方位开放型的公共场所，向人们提供饮食、住宿、交通、旅游、娱乐、购物等方面的服务。目前，世界各地相继出现了"小客房""大会议""大餐厅""大娱乐""大休闲"等相结合的创新型模式的酒店，成为当地文化、商业、餐饮、休闲、会务和庆典中心，甚至成为一个地区或城市的标志性建筑（见图3-7和图3-8）。

　　从驿站、客栈、旅馆到酒店、大厦、度假村等，名称的演化清晰鲜明地展现了酒店业由原始到现代逐步发展的历史足迹。

图 3-7

图 3-8

## 二、酒店空间设计发展简述

### 1. 中国酒店空间设计的发展

　　酒店空间设计是室内设计的一种。我国的室内设计源远流长、华彩纷呈。从5000多年前人们开始为自己构筑只有简单生活条件的建筑物开始，室内设计和装饰就相伴其间。陕西西安半坡遗址的方形房屋，其建筑既照顾到供人使用的内部空间，又体现了居住环境功能性的布局。新石器时代的建筑物在内部空间界面处理上就应用了绘画、雕塑、手工艺等原始艺术。我国的各类民居因地域不同，其生活习惯不同，具有不同的人文特征，但普遍都采用梁柱承重、墙体围护，内部用隔扇、门罩等构成多种空间。官宦和丰裕之家还运用雕梁画栋、斗拱彩绘等进行美化，又采用各种陈设、字画等营造室内高雅富丽的意境和氛围。数千年的建筑文化、器物制造和各种室内装饰装修技术的发展，奠定了中国室内设计独有的文化特色。清朝末年，鸦片战争以后，一些中国建筑师从海外留学归来，把西方的建筑理念和风格引入国内，使我国的建筑与室内设计进入中西融合的时期。新中国成立后，中国真正意义的室内设计才蹒跚起步，逐渐有了一席之地，并与建筑技术联袂创作，在国庆10周年之际，推出了享誉世界的"十大建筑"，充分展示了中国传统文化的博大精深和恢宏典雅。历史表明，人类在追求基本生存条件的同时，对美的追求一刻也没有停止。

　　紧跟改革开放的步伐，我国的酒店空间设计在20世纪80年代初进入了前进的"快车道"，由借鉴模仿到创新发展、继承传统、兼收并蓄，展现出勃勃生机、魅力四射、争奇斗艳，为推进社会文明进步发挥着重要作用。

### 2. 国外酒店空间设计的发展

　　西方室内设计的发展主要有这样几个阶段：

（1）古希腊、古罗马的古典四柱式与中世纪拜占庭风格、罗马式风格、哥特式风格的室内设计。

（2）公元15世纪初的文艺复兴运动，提倡人文主义，在古典形式的基础上进行转化、修改和变形，加强古典元素高度个性化的使用表现力，赋予空间强烈的手法主义特征。

（3）17世纪中期以浪漫主义精神为基础的巴洛克风格和18世纪以精致华丽、流畅轻盈为特色的洛可可风格的室内设计。

（4）1919年，德国人格罗皮乌斯创建包豪斯学校，主张理性法则，强调实用功能因素。美国建筑师代表人物沙利文在倡导简洁风格之后，鲜明地提出了"形式服从功能"的现代设计原则。20世纪30年代柯布西耶把功能主义的观点上升到理论高度，在美学价值和现代技术之间建立联系。格罗皮乌斯和柯布西耶先后创立和发展了现代主义的设计思想，共同推动了室内设计的进步。

（5）20世纪60年代，美国建筑师文丘里提出传统和混合的审美思想，主张直觉性、个性化，反对绝对的功能主义，运用人们所能理解的语言将艺术性、装饰性与象征性融为一体，使人们产生回归历史和体验文化的印象，从而确立了后现代主义室内设计的地位。

目前，随着西方酒店业的蓬勃发展，国际上兴起了一些专业化的酒店空间设计公司。这些由建筑师、室内设计师、艺术家及管理专家组成的设计班子，把酒店功能与文化和环境恰当结合，为大型酒店、跨国酒店提供设计服务，推出了许多美轮美奂、脍炙人口的经典作品（见图3-9至图3-11）。

图3-9

图3-10

图3-11

## 第二节　酒店类型及级别

### 一、酒店的分类

#### 1. 经济快捷型酒店

经济快捷型酒店以客房为主，配套设施比较单纯，一般只有一个自助区域作为餐厅，没有较多的公共经营区，客房硬件设施达到中档水平。为适应商务出差游客的实际需求和个性化的消费趋势，这类酒店提供清静、廉价、舒适的基本服务，具备便利的交通条件和经济实惠的消费价格。根据实际需求的不同，它本身也具有多种多样的类型，如旅游度假型、商务型、会议型等。

为保证相对低廉的运营成本，经济快捷型酒店软硬件设施一般都达到或接近二、三星级酒店的标准。虽然习惯上有时也称其为有限服务酒店，但在具体经营中，仍然根据客人的实际需求，提供各种方便、快捷和安全舒适的服务项目，使入住客人产生宾至如归的感觉，以优质廉价拓展市场、巩固客源、发展自身，如锦江之星（见图3-12和图3-13）、中州快捷等经济快捷型酒店。经济快捷型酒店占据市场的主流，其扩张速度远远高于其他豪华酒店。

图 3-12

图 3-13

#### 2. 商务型酒店

商务型酒店一般位于城市比较繁华的街区，以中高端商旅客为主要服务对象。酒店配套设施完善，硬件标准和舒适性标准较高，有专门的商务（行政）楼层，具有高等级的商务会谈，如深圳维也纳酒店（见图3-14和图3-15）。

#### 3. 会议会展型酒店

会议会展型酒店一般位于城市商务中心区或城市边缘交通发达区域。这类酒店都拥有较大的会议、宴会

服务功能，有同时举办几个不同类型会议与宴会的条件，并且可以向周边写字楼用户提供多种现代化会议服务，以及大量停车位和便捷畅通的交通条件。

### 4. 旅游度假酒店

旅游度假酒店一般位于基础设施较为完善、环境优美的风景胜地，或者经济发达城市的城郊接合部，有些也建在较远的自然风景区。根据旅游资源的不同，其休闲娱乐功能和环境景观表现也不同。目前，国际上流行的主要有海滨度假酒店、森林度假酒店、温泉度假酒店、水景度假酒店等几种旅游度假酒店，其相关功能完善，有具有优势的自然景观和生态环境（见图3-16和图3-17）。

图 3-14

图 3-15

图 3-16

图 3-17

### 5. 公寓式酒店

为常住客人服务、以公寓形式出现的酒店，称为公寓式酒店，其位置一般在城市商务中心或高档商住区。这类酒店类似于公寓，拥有良好的居住功能和居家条件。酒店客房面积较大，一般不小于 50 m²。客房内客厅、卧室、厨房、卫生间一应俱全，有些还设置小型餐厅、酒吧。客房配有全套家具电器和办公设备，便于客人自助餐饮和办公，使其在办公之余，能充分享受温馨愉悦的居家之乐。

### 6. 分时度假酒店

所谓分时度假酒店，就是将度假酒店某一房屋或别墅的使用权以星期为时段单位，一年按52个星期划分，分段销售给客人使用，使用期限长的可达 20 至 30 年。这类酒店一般都建在风光秀丽、环境优越的海滨城市或海岛上。

### 7. 产权式酒店

产权式酒店是由房地产开发商将全部或部分酒店客房的产权预先出售给购房者，购房者不使用酒店，而是将其酒店产权委托给酒店管理公司经营运作，获取年度约定的利润分红。根据双方协议，购房者也可获得一定期限的免费入住权，享受一定时限内的酒店服务。目前，国际上流行的产权式酒店大致有三种类型：一是时权酒店，即按约定期限使用酒店的权利；二是投资型酒店，即作为一种投资行为，逐年取得约定回报；三是住宅型酒店，投资者购买后先委托经营，到约定期限后转为自己定居的住所。

## 二、酒店的级别

（1）三星级酒店：有专职行李员，有专用行李车，18 小时为客人提供行李服务；有小件行李存放处；提供信用卡结算服务；至少有 30 间（套）可供出租的客房；电视频道不少于 16 个；24 小时提供热水、饮用水，免费提供茶叶或咖啡，70% 客房有小冰箱；提供留言和叫醒服务；提供衣装湿洗、干洗和熨烫服务；提供擦鞋服务；服务人员有专门的更衣室、公共卫生间、浴室、餐厅、宿舍等设施（见图 3–18）。

图 3–18

（2）四星级酒店：有中央空调（别墅式度假饭店除外）；有背景音乐系统；18 小时提供外币兑换服务；至少有 50 间（套）可供出租的客房；70% 客房的面积（不含卫生间）不小于 20 m$^2$；提供国际互联网接入服务；卫生间有电话副机、吹风机；客房内设微型酒吧；餐厅餐具按中西餐习惯成套配置、无破损；3 层以上建筑物有数量充足的高质量客用电梯，轿厢装修高雅；代购交通、影剧、参观等票务；提供市内观光服务；能用普通话和英语提供服务，必要时能用第二种外国语提供服务。

（3）五星级酒店：除内部装修豪华外，要求 70% 客房面积（不含卫生间和走廊）不小于 20 m$^2$；至少有 50 间（套）可供出租的客房；室内满铺高级地毯，或用优质木地板或其他高档材料装饰；每个客房配备微型保险柜；有紧急救助室（见图 3–19）。

图 3–19

# 第二章
# 大堂空间设计

> **本章内容**

　　本章重点讲述大堂整体规划与平面布局，以及大堂各项接待、服务等功能的设计要点。

> **相关知识**

　　1. 大堂空间设计的方法。
　　2. 大堂整体区域规划与平面布局。

> **训练目的**

　　通过设计理论的讲解及大堂设计案例的解析，使学生进一步熟练掌握酒店大堂设计程序及方法。

# 第一节　大　堂　概　述

　　酒店大堂是宾客出入酒店的必经之地，也是宾客办理入住与离店手续的场所。它是整个酒店的枢纽，是通向客房及公共空间的交通中心。其设计布局及独特氛围给客人以第一印象，直接影响着酒店功能的发挥，关乎酒店的对外形象。

　　酒店大堂设计要依据酒店的总体策划定位来进行，遵循以客人为中心的服务宗旨，注重利用各种设施和幽雅环境给客人以舒适轻松的身心享受和视觉美感。同时，要在力求在酒店的每寸土地上挖金的经营理念下，注意充分利用大堂宽敞的空间开展各种经营活动。

　　功能要求是大堂设计中最基本也是最"原始"的层次。设计大堂就是为了便于各项对客服务的开展，满足其实用功能，同时又让客人得到心理上的满足，获得精神上的愉悦。所以设计大堂时，应考虑以下功能性内容。

　　（1）大堂空间关系的布局。

　　（2）大堂环境的比例尺度。

　　（3）大堂内服务场所（如总台、行李房、大堂吧、休息区等）家具的陈设布置和设备安排。

　　（4）大堂采光。

　　（5）大堂照明。

　　（6）大堂绿化。

　　（7）大堂通风、通信、消防。

　　（8）大堂色彩。

　　（9）大堂安全。

　　（10）大堂材质效果（注重环保因素）。

　　（11）大堂整体氛围等。

　　除上述功能性内容外，大堂空间的防尘、防震、吸音、隔音以及温度、湿度的控制等，均应在设计时加以关注，将满足其各种功能要求放在首位（见图3-20至图3-23）。

图 3-20

图 3-21

图 3-22

图 3-23

## 第二节　大堂分区设计

### 一、总台（总服务台）

#### 1. 功能

总台由服务台、背景墙、总台办公室、监控室、储藏室等组成。它是酒店的经营中心，也是来客的视觉中心，其主要功能是为客人出入酒店的结算登记、咨询、服务指令、信息交换、货币兑换、贵重物品存放、服务交接办公等提供场所。

#### 2. 位置与规格

总台应设在大堂最显眼、客人来去最便利的位置，有的要利用建筑立柱的影响，有的则要避开建筑立柱的影响，以增加通透效果，扩大流通空间。总台的规格要求取决于酒店的规模、档次及客源定位。

#### 3. 服务台

服务台分为站式和坐式两种，站式更安全，坐式更人性化。坐式服务台是总台设计的发展趋势，它的高度一般为 780 mm 左右。站式服务台的高度一般为 1050 mm 左右。台面设计可直可曲、便利服务、美观大方。长度规格按客房套数多少进行设计，大酒店通常每 50 ~ 80 套客房为一个服务单元，单元长度为 18 m；服务台要配备电话、电脑、打印机、发票等。

服务台制作用材广泛、造型各异，设计服务台时要根据酒店整体风格和服务要求进行设计。

#### 4. 天花

总台顶部天花独立，与大堂天花或平、或凹、或凸，以便形成区域中心、集中照明和导向识别。

### 5. 背景墙

背景墙是酒店风格、品位、特色的象征，有画龙点睛之效果。采取高度凝练的艺术手段进行精心设计，或简洁大气，或意境悠远，使客人欣赏之余，品味酒店深厚的地域文化蕴涵和丰富独特的精神追求(见图3-24至图3-27)。

图 3-24

图 3-25

图 3-26

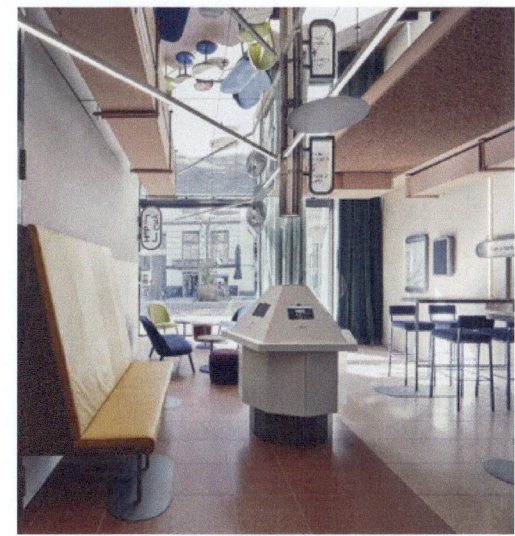

图 3-27

## 二、总台办公室及保安监控室

### 1. 总台办公室

总台办公室供大堂副理和总台营业人员更衣、办公、交接手续等使用，提供各种基本的办公设施。

### 2. 储藏室

储藏室是客人贵重物品和临时物品的存放处。

### 3. 安保、监控、消防系统

该处是酒店最重要的安全保障区域，主要负责整个酒店的安保和消防。使用现代化的数字技术，建立智能化的、高可靠性的消防系统。对特殊贵宾，可与非接触式射频卡（一卡通系统）联动，使客人在不知不觉中享受严密的保卫，并可把高级客房区监控起来，使没有射频卡的人进入以后受保安的跟踪和监视（见图3-28）。

图 3-28

## 三、休息区

顾客休息区域作为大堂必不可少的组成部分，既要能满足功能上的要求，又要在合理占用大堂空间的基础上，不改变整个大堂整体的规划和风格。一般来说，在大堂整体规划中，顾客休息的面积应占五分之一左右，这样既能满足大堂客流众多的要求，又不会影响大堂内其他功能空间的运营。休息区一般为开放型空间，在对地面和天花做特殊规划的前提下，通过安置家具或景观设施形成子空间（见图3-29和图3-30）。

图 3-29

图 3-30

## 四、大堂吧

大堂吧也称大堂酒廊或咖啡厅，又称 lobby lounge，是酒店在大堂开设的为客人提供酒水和小食的雅座区。其空间是半开放式的，布局装修与西餐厅相似，是供客人等候、小憩、小酌、餐饮的休闲场所，主要经营茶、咖啡、小吃、快餐。其设计风格多以明快温馨的暖色调为主（见图3-31和图3-32）。

图 3-31                                          图 3-32

## 五、专卖店或品牌店

酒店中，专卖店以经营地方特产或工艺品为主，品牌店则选择经营知名品牌的服装服饰，供客人选购。其灯光照明采用普通照明和重点照明相结合的方式。在其设施设计方面，展台、展柜、展架造型、色彩设计应与经营内容相一致，以便更好地体现地方特色，加深旅客对酒店的印象（见图3-33）。

图 3-33

## 六、商务中心

商务中心设在前厅客人方便前往的地方，能够提供商务谈判、展示、宴会，能满足多种商务活动的需要，还提供票务、传真、打字、复印、秘书等服务，配有现代化通信配套设备，服务迅速，给客人以方便感。各种设备布置合理，安装摆放整齐、美观。

## 七、公共卫生间

公用卫生间的位置、面积、设备、色调、灯光、空间格局等与酒店的类别、档次、规模相关。

（1）酒店大堂卫生间的位置不宜过于暴露，男、女卫生间的门不宜直接面对公共区，而应该隐蔽在一个通过空间转折后的、从大堂不能直视到的、距离大堂吧比较近的位置。

（2）公共卫生间的设计要求如下。

①标记要明显。

②避免直视。应避免在公共卫生间外看到厕位及小便池，并要避免镜子反射带来不雅。

③装饰材料要易于清洁。

④照明要求。卫生间应有良好、均匀的灯光照明，洗脸盆镜子前应有遮光的暖色灯，不应产生眩光（见图3-34和图3-35）。

图 3-34

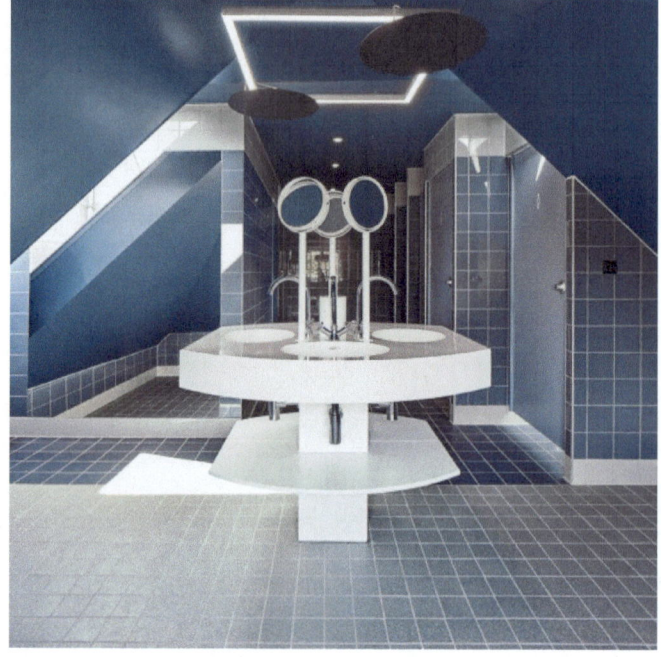

图 3-35

# 第三章
# 酒店住宿空间设计

> **本章内容**

本章主要讲解酒店住宿空间的设计方法与程序，以及打造酒店住宿空间的特色性和差异性的规划和布局设计。

> **相关知识**

1. 酒店住宿空间的设计。
2. 住宿层规划及平面布局设计。

> **训练目的**

通过设计理论的讲解及酒店住宿空间设计案例的解析，使学生熟练掌握酒店内各种住宿空间的设计程序及方法。

# 第一节　住宿空间概述

　　酒店的住宿空间即酒店客房区域，是酒店的基本设施和主体部分。作为酒店客人住宿和休息的场所，其营业收入是酒店总收入的主体，也是酒店经营利润的主要来源，所以客房的设计和经营对酒店的经济效益和社会声誉有着至为重要的关系。

　　酒店住宿空间的规划设计在突出其安全性、舒适性、私密性、便利性的前提下，要做好以下几方面的工作。

　　其一，根据酒店的整体定位，确定住宿空间特色化的设计方向和设计风格。

　　其二，结合酒店主体建筑结构情况，科学规划客房层在酒店的最佳布局，以及客房在客房楼层中合理的面积比例。

　　其三，依据酒店的功能定位和市场需求，规划住宿空间各类客房不同的功能设置和相关尺度。

　　其四，依据酒店客源情况和客人消费趋向，划定不同类别客房的适合区域和数量配比，如标准房、套房、豪华套房、无障碍客房的位置和数量比例。

　　其五，综合考虑酒店投资规模及限定性因素，制定不同类别客房的硬件标准，决定其材料档次和施工工艺。

# 第二节　住宿层规划及平面布局设计

## 一、住宿层基本功能

　　各类酒店住宿楼层中功能空间的设置基本相同，为满足服务需求，除各类客房外，一般设有电梯厅、安全通道、走廊、布草房、楼层服务台、设备房、防火消防设施等。

## 二、住宿层平面类型

　　酒店住宿层平面布局规划与主体建筑结构和周边地域环境息息相关。目前国内外酒店住宿层的平面布局主要有以下几种类型。

　　（1）中廊式也称内廊式，即客房走廊穿客房楼层中部而过，客房分设其两侧。由于这种形式的走廊利用率高、节省楼层空间，故采用者居多（见图3-36）。

（2）侧廊式也称外廊式，即走廊在客房的一侧，这种形式适用于海滨及风景名胜区的酒店，目的是使客房具有理想的朝向，使人能够欣赏到优美的户外景观。由于走廊面积占客房层面积比例较大，故经济性较差。

（3）中庭式酒店的建筑中央是内院或中庭，客房平面四周围合，在回形走廊的一侧为客人提供了赏心悦目的景观，提升了酒店的品位。上下楼层间设有观光电梯。

（4）内环式酒店的建筑中央为核心筒，走廊围绕筒体呈单一环状形态，客房设在走廊一侧，上下楼层间设有以中部内藏电梯。

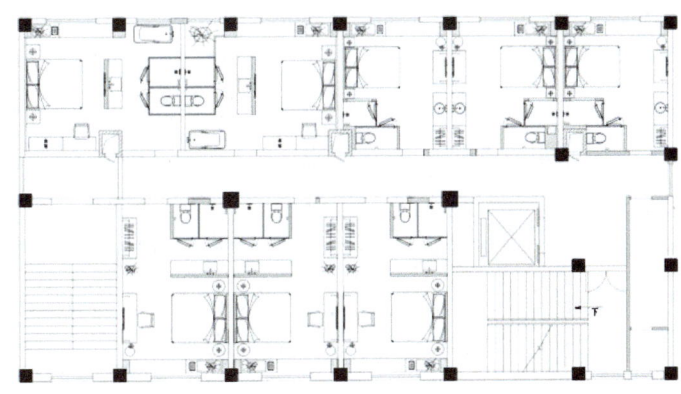

图 3-36

## 第三节　客 房 设 计

设计客房时要考虑两个基本因素：一是房型限制，二是消费需求。目前，国内外酒店客房设计丰富多样，功能布局新颖时尚，传统的、呆板的客房形式已经随着时代的进步而被逐渐淘汰。考虑不同的房型及房内管道井、卫生间等限制性因素，设计不同的客房布局样式。根据不同客源的消费需求，确定客房的各种功能设置。简言之，就是以房型定布局，以需求定设置，这一设计思路正成为业界的共识，这种设计方法也被广泛采纳。

根据考察可知，目前各类酒店客房房型基本有长方形、正方形、偏方形、圆形、不规则形等几种，客房内客厅、卧室、卫生间不一定固定在一个方位。

酒店客房的基本功能是存放衣物、睡觉、办公、休闲、会客、娱乐、洗漱等。相应设置通过区、储物区、睡眠区、办公区、休闲会客区、娱乐区、卫浴区等。按星级标准要求进行规划设置，根据实际情况也可适当增减。功能布局根据房间面积大小不同，可设计为紧凑便利型、宽敞舒适型等多种样式。

客房是酒店硬件的主要部分，其设计质量直接影响酒店的经营。

### 1. 入口通道设计

一般情况下，客房入口通道部分设有衣柜、迷你柜、穿衣镜。在设计时要注意以下几点。

（1）衣柜门的轨道要用铝质或钢质的，不要发出开启或滑动的噪音。

（2）衣柜采用推拉门，方便又节省空间，柜内灯光自动开闭。

（3）如果保险箱在衣柜里，保险箱则不宜设计得太高，以客人完全下蹲为宜。

## 2．房间内部设计

### 1）设计原则和基本要求

设计酒店客房内部时要考虑安排功能、风格、人性化三项主要内容。功能服务于物质，风格服务于精神，人性化是对物质与精神融合后实际效果的检验与深加工。功能设计有缺陷，风格设计再突出也是"短命"的；功能设计很全面，如果缺少风格上的魅力和特点，也会降低客房的品位和价值；而功能和风格都不错的酒店客房，如果不从人性化的角度衡量，做一些更细致、更深入的设计，也会不够舒适、不够精致。把握好这三个设计的要素，设计时充分发挥这三个要素的作用，这样客房设计就有了质量保证。

为基本功能进行的设计主要体现在客房建筑平面、家具平面、水电应用平面、天花平面的布置中，以及在这些平面设计中已经定位的门窗、家具、洁具、五金和主要电器设施的选择。

①商务酒店。客房空间要求宽阔而具有整体性，布置要求生动、丰富而紧凑。现代城市高档商务酒店的客房一般呈长方形，面积不小于 36 m²。卫生间干、湿两区的全部面积不能少于 8 m²。

②经济型酒店。标准间要满足客人的基本生活需要，面积为 20 m² 左右，尽管小，功能设施仍要齐全。

③度假酒店。标准间一般要满足家庭或团体旅游、休假的入住需求和使用习惯，平面设计要求保证宽阔的面积和预留空间（见图 3-37 至图 3-40）。

图 3-37

图 3-38

图 3-39

图 3-40

### 2）客房平面布局设计

客房平面布局越来越多样化、新奇独特、不拘格，使入住客人每次都产生不同的新鲜感受，图 3-41 和图 3-42 所示为酒店内不同户型平面布局图。

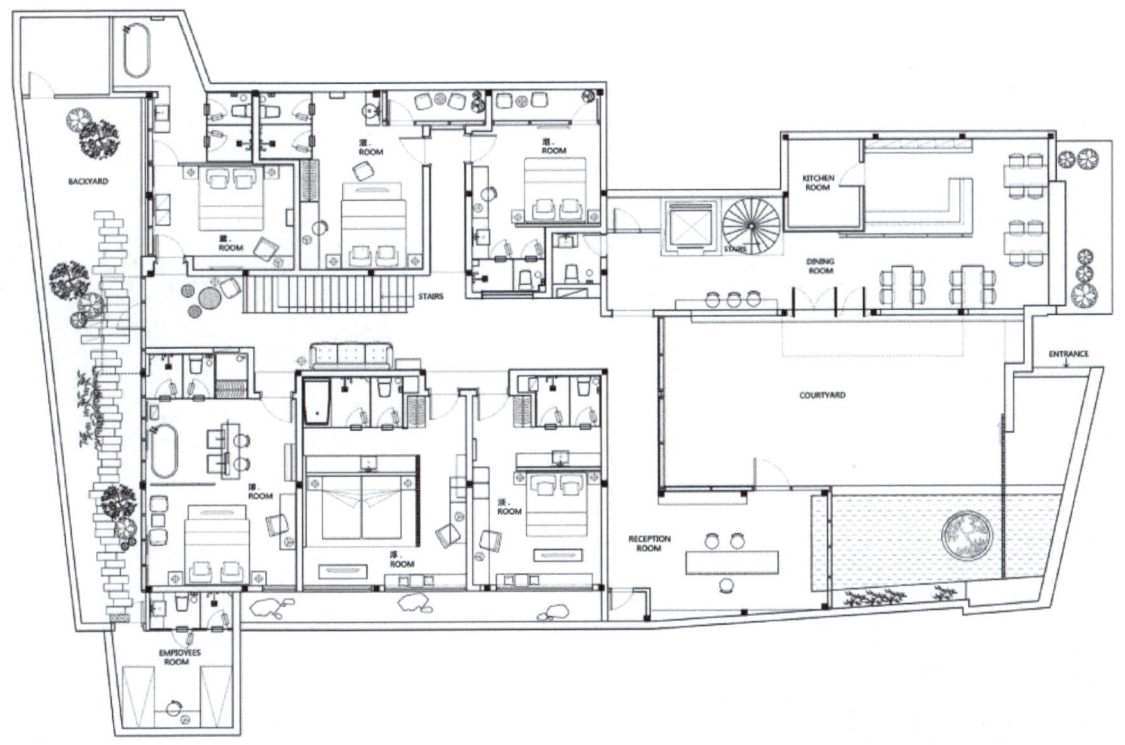

图 3-41

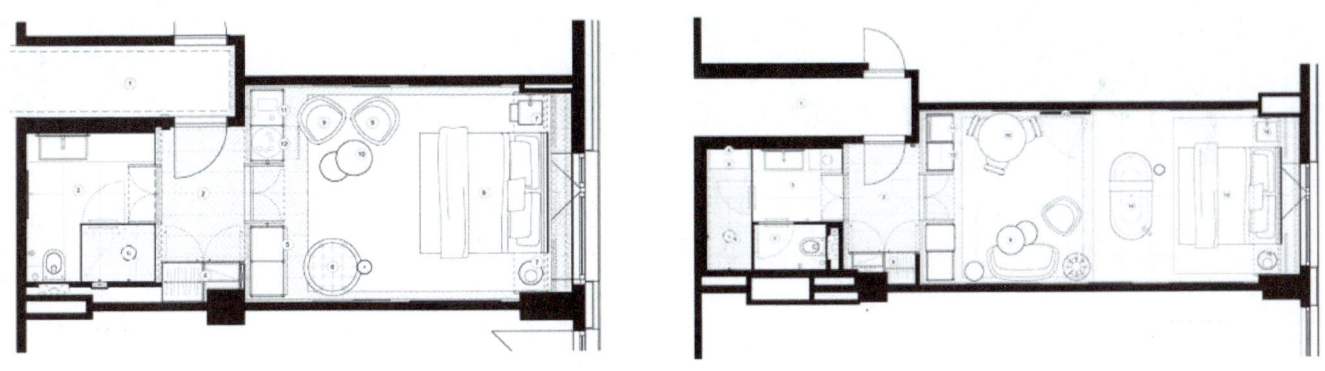

图 3-42

3）客房卫生间设计

客房卫生间设计由于限定性因素较多，所以其基本布局和功能设置都要根据主体建筑和酒店定位的具体情况进行合理安排。室内设施和材料均使用优质品牌产品，具有防水、防霉、好使用、防变形、易清洗、易维修等优点。

设计手法上力争做到"小而不俗，小中有大"，利用虚实分割手法，利用镜面反射空间，利用色彩变化，或者采用一些富有创意的趣味设计，产生新奇独特的效果。

设计客房卫生间界面时应注意以下几点。

①天花一般采用轻钢龙骨、防水石膏板、乳胶漆，整洁光滑，易于打理。

②墙面采用自然石材、玻璃、墙砖或与防水墙纸混用造型，营造个性，体现风格。

③地面采用自然石材、地砖，注意防滑，安全舒适（见图 3-43 至图 3-46）。

图 3-43

图 3-44

图 3-45

图 3-46

# 第四章
# 酒店通过空间设计

> **本章内容**

　　酒店的通过空间是人流量较多、承载过渡属性的空间。本章节主要讲解酒店通过空间的整体规划和平面布局，以及入口、走廊、景观、电梯厅、安全通道等通过空间的设计要领。

> **相关知识**

　　1.酒店通过空间规划及平面布局。
　　2.酒店通过空间景观、电梯厅、走廊等创新设计。

> **训练目的**

　　通过设计理论的讲解及酒店通过空间设计案例的解析，使学生熟练掌握酒店通过空间的设计程序及方法。

## 第一节　通过空间概述

　　酒店通过空间也就是我们通常所说的酒店交通空间，它属于过渡空间，是整个酒店的通行脉络，起到联系、连接酒店各功能空间的作用。虽然酒店通过空间是辅助空间，但其具有引导人们进入各自所需的功能空间的重要作用。

　　任何一栋酒店建筑都具有水平或垂直交通，并在室内形成交通流线网络。通过空间有时是有形的，房间和交通部分分隔相当明显，通常称为走道式；有时是无形的，分隔并不明显，交通线路融合在厅室之中，但可根据家具布置和活动规律加以分析和辨认，通常称为套间式。交通集中的地方，称为交通枢纽或交通中心，一般位于酒店建筑的中心地带。对高层酒店建筑来说，通道空间的设计更有其特殊要求，在结构上常称为核心筒体，成为高层建筑设备核心区。在核心筒体内，常包括电梯、消防电梯、电梯厅、防烟楼梯、公用部分（卫生间、库房）、设备空间（风道、冷热水管、空调箱、空调机组等）。对于智能化酒店建筑，一般在公共交通中心、公共楼梯之间的位置，根据综合布线要求设置电缆竖井、专用房（包括设备房）等。通过空间的布置和组织直接影响着酒店的安全性、舒适性、经济性及整体形象。

## 第二节　通过空间设计

### 一、入口

　　主入口是酒店内外空间的交界处，也是人流交汇、疏散最集中的区域，在通过空间中占有重要的地位，构成了酒店的主要特征，因此必须宽敞便利。入口门厅要有足够的照明强度，以达到醒目、方便的目的，地面要求耐磨、防滑、易清洁。入口门的设置必须与当地的气候条件以及酒店的等级、特点等要素相联系，以决定其位置。门的类型有弹簧门、旋转门、感应门等。在旋转门、感应门左右的一侧或两侧常设有平开门以备不时之需。对于平开门和感应门，需要设置双层门或风幕机，减少室内外空气直接对流，以达到节约能源和节省运营成本的目的。平开门和感应门的人流速度较快。旋转门的人流速度相对较慢，不利于发生突发事件时人员疏散和紧急逃生。主入口大门应完全满足功能要求，完全符合各自的使用标准。

除设置主入口外，还应设置相应的辅助功能性的次入口，如宴会厅、会议厅的入口，休闲俱乐部入口，以及员工入口、货物入口及地下车库入口等，以方便各类客人出入，合理组织分流交通，发挥紧急情况时的迅速疏散功能（见图3-47至图3-50）。

图 3-47

图 3-48

图 3-49

图 3-50

## 二、景观

景观是景与观的综合统一体。景是指一切客观事物的外在形象，有景物、景色、风景等含义；观是人对景的各种主观感受，有观察、观赏等意思。景观设计主要包括自然景观设计和人文景观设计两方面。自然景观是天然形成具有观赏价值的景色，人文景观是人们创造的具有人类文化价值的可供观赏的景观。景观设计就是用艺术创造手法把两类景观恰到好处地移到酒店室内外，营造所需要的气氛。

　　酒店景观设计规模通常较小，常设置于建筑周围、门厅、大堂、走道等位置，起到美化环境的作用，给人以舒适优雅和亲切自然的感觉。通过空间景观的设置可以减弱室内空间与室外空间之间的对立，使室内与室外空间融合，进行自然过渡，柔化生硬的室内空间环境，减少突兀感，使其更加生态化、人性化。

　　在通过空间设置景观可以起到转换空间的作用，灵巧地遮挡视线、隐蔽空间、阻挡气流，起到与屏风功能相似的作用（见图3-51至图3-53）。

图 3-51

图 3-52

图 3-53

## 三、电梯厅

电梯厅是客人分流的集散地，设计上应宽敞、明亮、简洁和便于交通。电梯厅是根据电梯的位置设置的，一般应处于视觉上容易辨认的位置，方便顾客识别，提高使用效率。电梯厅可为客人提供休息座位、茶几等，也可以陈设一些艺术品，提高空间品质，但是不能妨碍流通。电梯厅照明必须设置独立线路，并且达到足够的照明强度。在电梯厅，通常一排最多设置4部电梯，如果需要设置更多的电梯，那么电梯应设置成每排4部的面对面的排列方式，两排电梯之间的等候厅需要足够宽敞的空间，以容纳较大数量的人群，厅宽3.5~4.2 m，还要安装先进的指示灯和开启控制装置。对电梯厅进行分组的方法可用于区分电梯所服务的区域或楼层，可特别设置通往顶楼观光餐厅等处的快速电梯等（见图3-54和图3-55）。

图 3-54

图 3-55

## 四、走廊

走廊是联系酒店各个空间的过渡空间。对于宽敞的走廊中部或两端，有时可以将其设为部分空间的休息厅。大多数走廊交通流线较长并且呆板、缺乏生气，给人以单调感、冷清感，少有视觉冲击，因此酒店走廊设计中常设置景观、小品、艺术品等，活跃空间气氛，但是酒店走廊设计不宜过于夸张，避免产生喧宾夺主的效果。另外，明亮柔和的光照、淡雅的色彩、优雅的装饰画也可起到烘托走廊氛围的作用，消除走廊的单调感（见图3-56至图3-58）。

图 3-56

图 3-57

图 3-58

## 五、安全通道

安全通道是辅助型交通空间，在发生地震、火灾等紧急突发事件时，起到使人群在最短时间内撤离酒店的作用。安全通道在高层建筑酒店中尤其重要，在低层酒店一般与客流楼梯通用。在部分酒店也用于员工通行和物品出入。在楼梯只作为安全通道时，基本不对其进行装饰。

高层酒店的安全通道尽管使用频率较低，但设计时一定要严格遵守规范，决不能敷衍凑合。安全出口应分散布置，相邻两个安全出口的最近水平距离应不小于 5 m。侧廊型客房的走道最小净宽应不小于 1.3 m，中廊型客房的应不小于 1.4 m。客房最远点至安全出口的直线距离应不超过 30 m。疏散门要采用双向弹簧合门，可双向开闭，不应采用卷帘门、旋转门、吊门、推拉门等影响疏散速度和容易发生危险的门种。疏散楼梯和走道上的阶梯不应采用螺旋楼梯和扇形踏步。在安全出口处不应设置门槛、台阶、屏风等影响疏散的遮挡物。在疏散门内外 1.4 m 范围内不应设置踏步。安全通道内必须设置明显的疏散指示标志和符合规范的应急照明灯具。

# 第五章

# 酒店餐饮空间设计

> **本章内容**

　　本章主要讲解酒店餐饮空间的类型和相关标准，以及中餐厅、酒吧、宴会厅等不同类型的餐饮空间的打造方法和创新设计。

> **相关知识**

　　1.餐饮空间设计的类型和相关标准。
　　2.各类型酒店餐饮空间的平面布局。

> **训练目的**

　　通过设计理论的讲解及酒店餐饮空间设计案例的解析，使学生熟练掌握酒店内各餐饮空间的设计程序及方法。

# 第一节　酒店餐饮空间概述

　　餐饮空间在现代酒店中具有举足轻重的地位。餐饮经营收入弹性大，在酒店整体收入中占有很大比重。因此，餐饮空间设计在酒店总体设计中具有很重的分量。

　　酒店中的餐饮空间一般包括中餐厅、西餐厅、酒吧、咖啡厅等。除提供正餐外，有些酒店的餐饮空间还增设早茶、晚茶、小吃等项目。一些酒店的餐饮空间设有钢琴演奏、小型乐队、歌舞表演等，以提高餐饮空间的品位。

　　民以食为天，食不只是满足生理需求的饮食，更是一种具有精神内容的饮食文化，一种具有精神内容的文化美学，它既包括烹饪艺术和服务艺术，还包括进餐的空间环境艺术及宴席本身的节奏变化，以及穿插在宴席中的音乐、舞蹈等。在当今的社会生活状态下，酒店餐饮空间的艺术品位越来越高，性质内容也更多介入了人际交往、感情交流、商贸洽谈、亲朋与家庭团聚等多元因素，因此饮食文化除了美味佳肴的享受外，满足精神需求、提供优雅宜人的进餐环境也至为重要。从环境设计角度讲，设计餐饮空间时需要多元化和综合性地考虑很多因素，包括历史文脉、建筑风格、环境气氛、心理因素等。

## 一、餐饮空间类型及相关标准

　　餐饮空间按饮食习惯和用餐方式的不同，分为中餐厅、西餐厅、自助餐厅、宴会厅、行政酒廊等（见图 3-59 至图 3-62）。

图 3-59

图 3-60

### 1. 空间座位容量及形式

　　餐饮空间通常选用正方形桌、长方形桌和圆桌，在自助餐厅和部分西餐厅中还设有柜台式餐桌，通常设有 2 人桌、4 人桌、6 人桌和 8 人桌，其中 4 人桌所占比例最大，根据空间大小和档次高低不同，人均占有面积为 1 ~ 2m²。

图 3-61

图 3-62

### 2. 餐桌混合比例

在餐饮空间的桌椅配比构成中，根据一般客流情况，2 人桌大约占 15%、4 人桌大约占 60%、6 人桌大约占 20%、8 人桌和 10 人桌大约占 5%。

### 3. 餐桌及服务通道规格

以圆桌为例，4 人桌的直径大约 1000mm，6 ~ 8 人桌的直径大约 1200 ~ 1300mm，10 人桌的直径大约 1500mm，服务通道的宽度为 900 ~ 1300mm。

## 二、服务形式

### 1. 自助服务

对于自助服务，在通常情况下，其桌椅摆放呈线形或环形排列，井然有序，过道要有足够宽度，以适应自助式选餐的较大人流，要在明显位置设置单向或双向选餐台，餐桌到选餐台的流线尽量短，以便各方位顾客选餐（见图 3-63）。

图 3-63

### 2. 坐等式服务

坐等式服务是一种常见的、灵活的、快捷的服务方式，在餐饮空间中占有绝对比重。其餐桌椅的类型和风格形式多样，可供选择的余地和弹性很大。食客多，所需要的服务人员也较多，因而要规划足够的活动空间和服务通道（见图 3-64）。

### 3. 吧台式服务

一般来说，吧台式餐台服务亲近、方便。但与餐桌相比，吧台占用空间较大，因为吧台式服务中只能在一侧放置座椅，为弥补座椅数量少的缺点，应该把吧台做成环形或在侧面放置座椅以扩大空间容量，增加客流（见图 3-65）。

图 3-64

图 3-65

# 第二节　酒店餐饮功能空间环境设计

## 一、设计原则

（1）总体布局时，把入口、前室作为第一组空间，把大厅、雅间作为第二组空间，把卫生间、厨房及库房作为最后一组空间，使其流线清晰，功能上划分明确，减少相互之间的干扰。

（2）顾客入座路线和服务员服务路线应尽量避免重叠。通道简单易懂，服务路线不宜过长（最长不超过40m），并且尽量避免穿越其他用餐空间。对大型多功能厅或宴会厅要设置备餐厅。

（3）餐饮空间及空间中桌椅组合形式应多样化，以满足不同顾客的要求。

（4）中餐厅、西餐厅或具有地域文化的风味餐厅应有相应的风格特点和主题性营造。餐饮空间内装修和陈设整体统一，菜单、窗帘、桌布和餐具及室内空间的设计必须互相协调、赋有个性或鲜明的风格。

（5）餐厅空间应与厨房相连，且应该遮挡视线，厨房、配餐室的声音和照明不能影响宴席中的客人。

（6）对地面要选择走动时不产生脚步声、推动冷菜流动售货车时不产生移动声，且不黏附污物、容易清扫的装饰材料。

（7）应有足够的绿化面积，以及良好的通风、采光和声学设计。

（8）有防逆光措施，当有自然光从外墙玻璃窗进入室内时，不产生逆光或眩光的感觉。

## 二、餐饮功能空间环境设计

### 1. 中餐厅

在我国的酒店建设上，中餐厅占有很重要的位置。中餐厅为中国大众所喜爱，民族传统的气氛浓郁，在室内空间设计中通常运用传统形式的符号进行装饰与塑造。例如：运用藻井、宫灯、斗拱、挂落、书画、传统纹样等装饰语言组织饰面；运用我国传统园林艺术的空间划分形式，拱桥流水，虚实相形，内外沟通等手法组织空间，以营造中国传统餐饮文化的氛围（见图 3-66）。

中餐厅的入口设计面积应较为宽大，以便人流通畅。入口处常设置中餐厅的形象与符号招牌及接待台。前室一般设有服务台（水酒吧台）、休息等候座位。餐桌的形式有 8 人桌、10 人桌、12 人桌，以方形或四方形桌为主，如八仙桌、太师椅等家具。同时，设有一定数量的雅间或包房及卫生间。

中餐厅的装饰虽然可以借鉴传统的符号，但并不是说可以一劳永逸，还要在此基础上，寻求符号的现代化、时尚化，以跟上时代的气息（见图 3-67）。

图 3-66

图 3-67

## 2. 宴会厅

酒店宴会厅的使用功能主要是婚礼宴会、纪念宴会、新年晚会、圣诞晚会、团体会议及团聚宴会等（见图 3-68 和图 3-69）。

宴会厅为了适应不同的使用需要，常设计成可分隔的空间，需要时可利用活动隔断分隔成几个小厅。入口处设接待处与衣帽存放处。可设贮藏间，以便于桌椅布置形式变动，可设定成活动的小舞台。小宴会厅的高度为 2.7 ~ 3.5m，大宴会厅的高度为 5m 以上。宴会前厅或宴会门厅是宴会厅的活动场所，此处可设电话、休息椅、卫生间（化妆设施）。

图 3-68

图 3-69

## 3. 西餐厅

大型酒店、高档次酒店均设置有西餐厅。在中国，西餐厅在饮食业中属异域餐饮文化。西餐厅以供应西方某国特色菜肴为主，其装饰风格也与该国民族习俗相一致，充分尊重其饮食习惯和就餐环境需求。西餐厅的家具多采用2人桌、4人桌或长条形多人桌。

西餐厅室内环境的营造方法是多样化的，这与西方近现代的室内设计风格的多样化分不开，大致有以下几种。

（1）欧洲古典气氛的营造手法：这种手法比较注重古典气氛的营造，通常运用一些欧洲建筑的典型元素，诸如砖拱、铸铁花、罗马柱、夸张的木质线条等来构成室内的欧洲古典风情。在这种符号元素的借鉴过程中，应结合现代的空间构成手段，从灯光、音响等方面来加以补充和润色。

（2）富有乡村气息的营造手法：与富有欧洲古典贵族风格迥然不同的便是一种田园诗般恬静、温柔、富有乡村气息的装饰风格。这种营造手法较多地保留了原始、自然的元素，使室内空间流淌着一种自然、浪漫的气氛，质朴而富有生气。

图 3-70

（3）前卫的高技派营造手法：西餐的经营对象面对青年消费群，运用前卫而充满现代气息的设计手法最适合。餐厅的气氛主要表现为现代简洁的词汇语言，轻快而富有与时代潮流结合的时尚气息，偶尔又透露出一种神秘莫测的气质。空间构成一目了然，各个界面平整光洁，巧妙运用各种灯光构成室内温馨的气氛。

总体来说，西餐厅的装饰富有异域情调，设计时要结合近现代西方的装饰流派进行灵活运用（见图 3-70 至图 3-72）。

图 3-71

图 3-72

### 4. 自助餐厅

酒店以自助餐的形式给入住者或来宾提供早餐和正餐。这种进餐形式灵活、自由、随意，亲手烹调的过程充满乐趣，大人、小孩共同参与获得心理上的满足，因此自助餐厅受消费者所喜爱。

在设计上要充分考虑人的行动条件和行为规律，让人操作方便，在形式上，自助餐厅要适合于不同的操作方式和操作环境，激发消费者主动参与。

自助餐厅中设有自助服务台，集中布置盘碟等餐具，顾客以从陈列台上选取冷食，再从浅锅和油煎盘中选取热食的次序就餐。应将沙拉、三明治、糕饼等冷的甜食和饮料、水果等单独设在一个区域，以避免混淆食物成品与半成品，同时也可避免那些只需要一点小吃和饮料而不需要主食的顾客因排长队而产生的不满。

应将服务台设计成长排，以能在高峰期提高工作效率和快速周转为宜。

设计自助餐厅时候，在内部空间处理上应简洁明快、通透开敞，一般以设座席为主，柜台式席位也可用于自助餐厅。厅里的通道应比其他类型的餐厅通道宽一些，便于人流及时疏散，以加快食物流通和就餐速度。在布局分隔上，尽量采用开敞式或半开敞式的就餐空间，特别是自助餐厅因食品多为半成品，需要加工，设置的加工区可以向客席开敞，增加就餐气氛。

自助餐厅装饰设计语言的应用主要取决于业主的经营定位，它本身可以以多样的设计面貌出现，不拘一格（见图3-73和图3-74）。

图 3-73

图 3-74

### 5. 酒吧

设计酒店的酒吧时，空间处理应轻松随意，可以处理成异型或自由弧型空间。酒吧也是人们亲密交流、沟通的社交场所，在空间处理上宜把大空间分成多个尺度较小的空间，以适应不同层次的需要。

酒吧在功能区域上主要有座席区（含少量站席）、吧台区、化妆室、音响区、厨房等几个部分。留出一小部分空间作为办公室和卫生间也是有必要的。一般每席的面积为1.3 ~ 1.7 m²，通道的宽度为750 ~ 1300 mm，酒吧台宽度为500 ~ 750 mm。可根据酒吧规模设置水酒贮藏库。

酒吧台是酒吧空间中的组织者和视觉中心，设计上可把其作为风格走向，予以重点思考。酒吧台侧面因与人体接触，宜采用木质或软包材料，台面材料应光滑，易于清洁，常用材料有高级木材、花岗石、大理石、金属面等（见图3-75和图3-76）。

图 3-75

图 3-76

### 6. 咖啡厅

现代酒店的咖啡厅是提供咖啡、饮料、茶水的休息、交际场所。它常设置在酒店大堂一角或与西餐厅、中庭结合在一起，且靠近卫生间。普通咖啡厅提供集中烧煮的咖啡，豪华级酒店的咖啡厅常常当众表演烧煮小壶咖啡的技术。咖啡厅内应设热饮料准备间和洗涤间。咖啡厅内常用直径为 550 ~ 600 mm 的圆桌或边长为 600 ~ 700 mm 的方桌，以及足够宽敞的服务通道。

咖啡厅源于西方饮食文化，因此，设计形式上更多追求欧式风格，其表现为借用欧式古典建筑的装饰语言，通过提炼建立一种"欧洲感觉"的空间形式，以一种或多种具有经典意义的欧式建筑线角、柱式，"以少胜多"的语言来表达空间，充分体现了其古典醇厚的性格和差别化。

欧式风格在形式上的另一个特征是强调和突出以顾客为中心，这种形式往往在环境的中心制造空地，使之成为整个空间的聚集点，以开敞的多视角形式做不同区域的划分（见图 3-77 和图 3-78）。

### 7. 厨房

酒店的厨房设计要根据餐饮部门的种类、规模、菜谱内容的构成以及在建筑体里的位置状况等条件而要相应地有所变化。一般设有主厨房和各部门厨房或餐具食品室。宴会厅的使用率较高时，由于同住宿客人用餐的内容及用餐时间不同，两者的厨房应分开设计。当餐饮部门的规模较小时，一般只设一个厨房，负责宴会的部门在相邻宴会厅的配套室里进行装盘和洗净、存放餐具。厨房要尽量与餐饮区域相邻，但厨房里的炒菜味、噪声等不能影响就餐座席或宴会厅里的客人。

厨房的流线要合理，厨房作业的流程为采购食品材料—贮藏—预先处理—烹调—配餐—食堂—回收餐具—洗涤—预备等。

厨房地面要平坦、防滑，而且要容易清扫。地平留有排水坡度和足够的排水沟。适用于厨房地面的装饰材料有瓷质地砖和适用于配餐室的树脂薄板等。对于墙面装饰材料，可以选用瓷砖和不锈钢板。为了清洗方便，最好使用不锈钢材料。顶棚上要安装专用排气罩、防潮防雾灯和通风管道以及吊柜等。

根据客人座席数量决定餐饮空间和厨房的大致面积，虽然还要看菜谱的内容构成，但厨房面积大致是餐饮空间面积的 30% ~ 40%。

图 3-77

图 3-78

# 第六章
# 案例赏析

本章介绍的案例是安吉悦榕庄度假酒店。

安吉得名自《诗经》中的"安且吉兮"，寓意舒适且美好，是清秀宁静的江南小城。安吉悦榕庄坐落在安吉灵峰风景区内，四面环山，一面面水。

安吉悦榕庄度假酒店是建筑师在山岭之间顺应地势创造的一组中国院落（见图3-79），寻求"工整"与"自然"的平衡，整饬的轴线与自由的村落式布局结合，不拘泥于苏杭建筑的精致工巧，而是寻求更加潇洒放松的古意。室内设计承接了这种"在地感"，意图通过空间的深入塑造与刻画，衔接人与自然的彼此对话与感知。在设计之初，通过对安吉的历史风俗的理解，将空间感受定位为一个殷实的书香世家宅邸，希望通过更符合当下生活的手法去传达悦榕庄的传统气质，以创造出"宁静的奢华""当代的雅致"的意境。

大堂区域是一个方正的四合院，通过一条山水轴线铺陈开来，从主入口经水院至大堂吧的镜面水台，与户外平台的反射水池衔接，视线最终停歇于远处悠扬连绵的山岭与水库，客人的心情在瞬间即会变得安静与开阔（见图3-80）。

图 3-79

图 3-80

围绕中庭的水院（见图3-81）、接待大堂（见图3-82）、大堂吧、尚书吧依次分布，一系列无柱举架空间，有别于传统中式木构梁柱体系给空间带来的分隔感，设计师意图以整体化的语言将这四个空间串联起来，创造舒展轩阔的当代空间感受，并赋以温暖优雅的传统材质与色彩，其间点缀以中式盆景、抽象艺术以及金属细节的灯笼，使人游走于古典与现代之间，而丝毫不觉冲突。

图 3-81

图 3-82

宾客在连续岛屿式沙发组面对中庭水院等候时可以略为整理身心，迎接即将到来的度假体验（见图3-83）。

图 3-83

尚书吧位于水院左侧，整体融合特式订制家私、大容量书柜、柔和光感，以书画、竹简等点题"书香门第"，烘托出安稳之美，沉淀心灵。组合式艺术家具、中式屏风、原木台面在此再次出现，与对面的大堂接待区呼应（见图3-84）。

图 3-84

　　经过大堂，即至四面开敞的大堂吧，此处是大堂区域的华彩部分，景致环绕。位于中心的厚实感水景映照出室外景致，引景入室，附随水景两旁设有现代中式休闲沙发组，简约线条游走于中式建筑之间，在此，日间可品茗赏山水，夜晚则对影邀清风明月（见图 3-85）。

图 3-85

　　中餐区是一组散落的院落，包含中餐散座大厅、酒廊、7个中餐包房以及2个VIP大包房。中餐大厅是一个6m高的大宅。穿过前院和廊架，进来后设有一个巨型方正采光天窗，室内规划明快有序，由数个木屏风分隔出顾客用餐需要的半私密空间，配备灯笼造型吊灯，整体犹如置身于树海景观，茂林修竹之中（见图3-86）。

图 3-86

　　VIP包厢设置有单独的入口，从小庭院进来，正对的玄关处是业主收藏的古董家具。两个包厢分别设置了可容纳20人和28人的大圆桌，6m高的坡屋顶悬挂下来的造型灯笼落在巨大的大理石台面上，场面颇为壮观。翠绿挑金的印有松、竹、梅的地毯，搭配墙面青绿山水的宫廷画，显得分外尊贵儒雅（见图3-87和图3-88）。

图 3-87

图 3-88

[1] 鲁睿 . 商业空间设计 [M]. 北京：知识产权出版社，2005.

[2][英] 林恩·梅舍 . 商业空间设计 [M]. 张玲，蔡克中，张友玲，译 . 北京：中国青年出版社，2011.

[3] 李振煜，赵文瑾 . 餐饮空间设计 [M]. 北京：北京大学出版社，2013.

[4] 漂亮家具编辑部 . 图解餐饮空间设计 [M]. 武汉：华中科技大学出版社，2018.

[5] 严康 . 餐饮空间设计 [M]. 北京：中国青年出版社，2015.

[6] 师高民 . 酒店空间设计 [M]. 合肥：合肥工业大学出版社,2009.

[7] 梁文育，黄健儿，杨思维 . 宾馆酒店室内设计 [M]. 北京：中国建筑工业出版社,2011.